这是一部给万千女性的自我修炼之书

# 智慧女孩

## ——女性智慧宝典

张启明　赵洪恩　主编

U0722283

新疆文化出版社

**图书在版编目（CIP）数据**

智慧女孩 / 张启明, 赵洪恩主编 . -- 乌鲁木齐：
新疆文化出版社, 2020.6
（智慧丛书）
ISBN 978-7-5694-1941-2

Ⅰ. ①智… Ⅱ. ①张… ②赵… Ⅲ. ①女性–修养–
通俗读物 Ⅳ. ①B825.5-49

中国版本图书馆 CIP 数据核字（2020）第 076827 号

智慧丛书

# 智慧女孩

主　编 / 张启明　赵洪恩

| | | | |
|---|---|---|---|
| 选题策划 | 侯淑婷 | 封面设计 | 孟显东 |
| 责任编辑 | 王永民 | 责任印制 | 刘伟煜 |

出版发行　新疆文化出版社有限责任公司
地　　址　乌鲁木齐市沙依巴克区克拉玛依西街 1100 号（邮编：830091）
印　　刷　三河市刚利印务有限公司
开　　本　787 mm×1 092 mm　　1 / 16
印　　张　14.25
字　　数　190 千字
版　　次　2020 年 6 月第 1 版
印　　次　2024 年 7 月第 2 次印刷
书　　号　ISBN 978-7-5694-1941-2
定　　价　48.00 元

# 目　录

## 第一章　新时代才智女性

## 第二章　真我的风采

## 第五章　施展天才社交能力

## 第六章　创造健康安全生存空间

## 第七章　学会致富与理财

# 第八章　恋爱中的女孩

# 第九章　享受幸福美满婚姻

# 第一章　新时代才智女性

## 21 世纪学习的四个本质进步

管理学家彼得·圣吉在其著作《第五次修炼》一书中提出，21 世纪学习的四个最本质的进步，即工作与学习之间界限的消失、成才不必去正规学院、建立学习型组织和学习新概念。这些都是现代女性积累才学资本所必须注重的。

1. 工作与学习之间界限的消失

当你在从事知识性工作时，就是在学习，同时你也必须随时随地不断地学习，才能有效执行知识性的工作。

在旧经济体系中，如砌砖工人或巴士司机这类工业工作者的基本能力，都具备着相对的稳定性，虽然这些技能的运用会依情况而异，比如，不同的建筑工地有不同的责任分配，但是，"学习"在劳力工作中所占的比例却十分稀少。

在新的经济组织里，学习所占的比例大增。看看那些精神分裂症基因的研究人员、创作新式多媒体应用程序的软件工作者、银行里负责制定公司计划的经理、为客户评估市场情况的顾问、创立新事业的企业家，或是社区学院里的助教，他们就属于那种既要工作又要学习的新世纪工作人员。想想你自己的工作是否也是其中之一。工作与学习交互重叠成了工作能力中最坚实的构成要素。

2. 成才不必去正规学院

社会经济进入了知识性阶段，这个阶段的显著特点就是知识更新速度快、周期短。

因为新经济体系将是知识性经济，所以学习是日常活动以及生命的一个重要组成部分。企业和个人都将会发现，仅仅是为了要让工作有效率，就必须要学习，企业将会为了竞争而变成学校。

而身为消费者，你必须随时准备更新自己的知识库，这些知识性产品或知识性服务的供应商，一定要将学习包含在内，一旦进入数字经济体系里，你就不仅是位知识性工作者，而且也是一位知识性消费者，每个人都要对自己的课程表设计负担相当的责任。我们必须制定自己的终生学习计划，自动自发地学习，在工作中学习，并且通过正式的教育渠道及训练，使自己在这个千变万化的经济体系中永葆盎然生气。

3. 建立学习型组织

学习型组织的概念在现代人心中已不算陌生，同时也被大多数人认可。所谓学习型组织是人们可以不断扩充自己的能力，以实现自己真正的梦想。在这里，人们可以培养又新又广阔的思考模式，共同的抱负有了挥洒的空间，也可以不断地学习如何与他人共同学习。

在网络智慧的新纪元，团队可借网络化而获得更清晰的意识。正如主从式结构的电脑能将其所要整理的资料加以分类与整理；同样的，互联网的运作也可以将人类智慧加以分类与整理，进而建立起一种全新的组织意识形态。

网络成为企业思考及学习基础的同时，组织型学习也可以延伸到小组以外，使得小组智慧进而转变为企业智慧。组织意识是组织型学习不可或缺的先决条件。

4. 学习新概念

"学习"这个概念已不再是过去那个单一、狭窄的模式了，它已形成了网络化。目前网络上已有众多的学习课程，更重要的是，信息"高速公路"点燃了新希望。通过信息"高速公路"就可以进入资料库，取得人文类的资料。

新科技除了帮助私人部门改变学习形态外，也可以帮助学校转型。新的信息科技促使信息与知识自由交流，只要下定决心，将科技的效果发挥出来，教育机构就能达到自我改造。

多媒体学习代替了旧有的学习模式，从而使学习变得多姿多彩，趣味十足，大大促进了学习效果。当然，学校的课程安排还可以更兼顾学生的需求和兴趣，也应当让信息更容易取得。信息"高速公路"让教师们可以采用多媒体教学手法，使教育提升到一个更高的层次，正如联合国教科文组织的报告所揭示的："以粉笔和黑板当配备的教师和这些威力强大的新媒体显得格格不入。"国家信息基础建设可以推动学生、教师与专家之间的共同学习：不用离开教室，任何人都可以直接在电脑上进入"电子图书馆"，或是来一趟虚拟实境之旅，走访博物馆或感受科学展。

总而言之，要想成功，就要必备一些才学资本，而当前社会为现代女性提供了越来越多、越来越方便的学习条件。

## 怎样成为一个快乐的知识女性

知识女性处于女性生活的上层，享受的生活机遇比一般女性更充分，如受教育的机遇、职业机遇、婚姻机遇、晋升机遇、获取高报酬的机遇等，因而知识女性较一般女性应该是相对快乐的女性。然而知识女性的生活现实并非人人如此。

首先，知识女性是职业女性或事业女性，好的职业职位与成功的事业也免不了给人带来烦恼和困惑，因为责任重挑战性更强。进入新世纪，科学技术日新月异、思想观念不断解放和发展无疑为知识女性提供了史无前例的体现自身价值的更为广阔的天地，但在知识女性的职业生涯中，有许多无形的障碍：因为是女性，应聘时可能败于一个素质、能力比你差的男性；因为你是女性，你的工作能力可能屡受怀疑。女性常常顶着压力加倍努力，付出比别人更多。对于知识女性，职业与事业的压力是挑战也是一种社会病，社会病正是快乐的敌人。

其次，知识女性尽管因为有知识而应追求高尚的事业并取得成功，然而，她们也不能缺少一个普通女性应该享受到的快乐。日常生活中，人人都有心理上、情绪上的低落、波动，这不仅与个人性格、生理周期、内分泌状态等固有因素有关，而且非常容易受工作压力、事业坎坷、爱情挫折和家庭不和等外界因素的影响，知识女性有压力社会病更是屡见不鲜。有人说，做女人难。其实，做一个快乐的知识女性更难。

那么，怎样成为一个快乐的知识女性呢？

第一，转换角色观念和行为模式，营造良好心境是知识女性的必修课。心理学家有一个形象的说法："心境是被拉长了的情绪"，它使人的其他一切体验和活动都留下明显的烙印。俗话说，"人逢喜事精神爽"，良好心境使人有"万事如意"的感觉，遇事也能迎刃而解；消极的心境则使人消沉、厌烦，甚至思维迟钝。知识女性因为有知识，能成为快乐心境的主人。而要自觉地培养和掌握自己的心境，保持经久快乐，须谨记心理学家的十六字箴言："振奋精神，自得其乐，广泛爱好，乐于交往。"常为自己所有而高兴，不为自己所无而忧虑，就是自得其乐的主要方法。培养多种业余爱好，可以陶冶情操，增加乐趣。广泛交友更是保持心境快乐必不可少的环节。

第二，只有健康女性才会拥有持久的快乐人生。如果这一认识有道理，那么知识女性应该努力成为健康女性。关于健康女性，尚无统一和明确的标准。按心理学分析，可从心理统计、心理症状和内心体验三方面去认识。按社会学解释，则可以根据解决生活中所面临的实际问题的能力作为标准。凡是能正确理解自己的社会角色，正确理解自己所处的社会环境、有能力解决自己所面临的问题、有一定目标并为之努力的知识女性，一定是健康女性。

新世纪的知识女性遇上了前所未有的发展机遇。

第一，高科技发展推进了人类的地球时代，发展机遇的全球化速度加快。

第二，改革开放不断深入，中国特色社会主义进入了新时代，发展机遇正由低层次向高层次攀升。

第三，中国的经济体制以完善产权制度和要素市场化配置为重点，经济已由高速增长阶段转向高质量发展阶段，知识型、技能型、创新型的要求，使个人主动性越来越强。

第四，党和政府的工作以经济为中心，建设现代化经济体系，把我国建设成为富强民主文明和谐美丽的社会主义现代化强国，实现民族振兴。面临新的发展机遇，知识女性的责任更重，压力更大，健康内涵也更丰富。

泰戈尔曾说健康男性需要自己创造，健康女性更需要自己创造。有知识的女性不一定是健康的女性，也不一定有快乐的人生。健康女性应该成为知识女性的质量标准，快乐人生应该成为知识女性追求的人生目标。有了标准，有了目标，只要努力，一定成功。

## 女性需要提升技能

女性在待业的时候，是增加、改进自己技能的绝佳机会，你可以借此培养自己下一份工作所需要的技能。你可以去上电脑课、商业书信或科技写作课。你也可以培养自己做简报的技巧，或者学习排版或试算表软件。你应该利用这段时间，使自己的条件变得更好，充实一下你的实力。

如果你的经济无忧，你还可以到你想进入的行业，或特定组织当义务工或实习。这是拓展你在该领域的人际关系与增加自己能力的绝佳方式，也能使你的履历表更吸引人。许多组织对于像你这样有经验与才能的人都愿意帮忙。记住，这是你找到一份全职、固定工作的过程之一。此外一些专业的慈善组织、协会都需要更多的人，协助他们办活动或募款。

也许有的女性认为失业这种事永远不会发生在自己身上。"我有终身职务。我有年资。我的职位是万人之上。我备受尊敬与爱戴。"可是别忘了，连总裁都可能被炒鱿鱼。私立学院的终身教授，以为自己的饭碗万无一失，结果学校关门大吉。人际关系广博的企业白领，因为新的管理团队入主公司，原本的光芒黯然失色。这种事情是说不定的，不管你是谁或你认识谁！有人做过调查，发现许多人都是在毫无预警的状态下失业，其中还有很多经理人，根本不知道公司要缩编。有时候你看得到前兆，有时候看不到，或者是你自己故意视而不见。无论是何种情况，所要面对的残酷现实都一样：失去身份、自信，没有方向，随波逐流。我知道这种感受，我认识的朋友中，也几乎无一幸免。通常，这种事情只要发生在你身上一次，你就会发誓下次绝不让这种事情在毫无防备的情况下发生。惨痛的教训往往是最难忘的。

这些人中有许多都缺乏有效的人际关系网；许多人在技能培养方面，需要好好加强；许多人都有很大的失落感，但他们愿意来接受训练，至少是跨出了重要的一步。对那些没有高文凭和高学位的人来说，失业的风险尤其大。另一个关键策略，是发展支持团体，有些人更是听都没听过这个策略。男性特别容易远离那些可以成为有效支持网的人。与男性比起来，女性通常较能与人分享个人层面、情绪与感受。在这个时刻，分享感受特别重要。

当你失去工作，往往也会失去身份的认同，这时候要提起劲来，改变找工作的策略。找一份新工作要花的时间，可能比你想象的要长得多，尤其当你是高薪阶层的人。还要记住，新的职场趋势使得工作稳定性降低，而需要有更多弹性。这次可能只是牛刀小试，所以如果你能发展一套有效策略，以后绝对用得上。

有些职业介绍所或猎头专家可能建议你，提供履历表给每个你碰到的人。不过，真正关心你的人，是那些会随时帮你注意工作消息的人。每个人都有自己的生活与问题，如果你盲目地寄履历表给两三百个背景相似的人或公司，又有何益？所谓万事起头难，这时候，人际关系就派得上用场了！

如果你的饭碗眼看就要丢了，马上开始分析你的情况！别骗自己船到桥头自然直，以为裁员裁不到你，或者想以后再说。大部分的商业与管理专家都承认，虽然有些公司还是会以员工福祉为重，但商场毕竟不是慈善事业，一切还是会先以利益为考量，即使要大幅裁员也在所不惜。身为员工，一定要懂得如何为自己安排出路。首先，老老实实地评估自己的技能，如果没有专业，是不是就与心目中的理想工作绝缘？要换到另一家公司，担任与现在相当的职位，是不是得先进修或接受训练？在今天的工作环境下，你的专业是否已派不上用场？

读历史系或心理系，或许让你的心智与人格获益匪浅，但如果你没有其他的一技之长，是不能靠这个学位吃饭的。你懂不懂电脑，或是其他技术？你的面试技巧需要加强吗？履历表是否该找人指点一下？是否有广博的人际关系？培养这些技能，其实没有想象中那么难。而且，你有别的选择吗？付出努力，好好培养扎实的生涯管理技能，绝对值得！

# 获取专业知识

知识分两种，一种可以摄取财富，另一种却不能摄取财富，或者说只能取得少量财富。前者指的是专业性知识，后者指的是一般性知识。

知识不会引来财富，除非加以组织，并以实际的行动计划精心引导，才能达到累聚财富的确切目标。

爱迪生一辈子只上过 3 个月的"学校"，但他并不缺乏知识，也没有潦倒一生。

具备了这些思想之后，接下来的便是取舍一下，选择哪一类专业知识来学习。当今的时代是专业的时代，无论你打算学习哪类专业知识，它必须是：

1. 具有持久发展力的新兴专业

某些领域的专业人才，尤为招募员工的公司所看好。例如，受过会计、统计训练的商学院毕业生，各类工程师、建筑师、化学师、新闻从业人员以及资深杰出的领导人员、活动人员等。

在校园中活跃的分子，能和各色人等相处共容，较诸只懂学术的学生，铁定要占些上风。这些人当中，有些因为条件完备，得到好几个工作机会，甚至不少人的工作机会多达十几个。

2. 以未来的确切方向为标准

由于多数大城市里都有专业的培训机构，这对需要专业教育的人士来说，应该是最可靠且实在的知识来源。函授学校又将专业训练送达邮政体系所及的任何地方，经推广的方式教授所有科目。不论你家居何处，都能受惠。

3. 让整个一生都受益

不经过努力就获得的东西，多半得不到感激，也往往受不到应得的嘉勉和赞许；当知识不需花费一点钱就垂手可得时，白白被糟蹋掉的机会可以经由研习特定专业课程来学到自律自重，从而得到某种程度的补偿。

4. 不必学得样样精通

受过教育的人都知道，在需要知识时，该上哪儿去取得知识，并且知道，要如何把知识组织为确切的行动方案。亨利·福特可以借着"智囊团"之助，随时让所有使他成为全美首富的专业知识唾手可得，他未必需要自己去具有这种知识。博而不精未必超得过术有专攻。

5. 必须要具备专业知识

在家研读的训练方式，尤其适合抽不出时间上学，或离校后又发现自己有必要再多吸收一些专业知识的人。

某家杂货店的营业员突然间发现自己失业了。她曾有一些记账的经验，便去修了一门会计学，让自己熟悉最新的记账方法和办公设备，自己创业。她先为原来上班的杂货店服务，后又和100多名商人签约，收取微薄的月费，帮他们做账。她的想法非常切合实际，所以很快她便觉得有必要成立机动性的办公室。于是她把现代化的做账机器装设在一辆轻型的送货卡车里。如今她已有一个做账办公室的车队，并且聘用了众多的助手，以非常低廉的价格，供应小本商家最好的会计服务，这种独树一帜的行业有两大成功要素：专业知识加想象力。后来，这位业主缴的所得税，是失业当年她老板缴纳所得税额的10倍。

所以具有专业知识的人，永远不愁没有工作机会，身价也是节节看涨，从某种程度上讲，他们就是时代的淘金者。

# 走上正确业余学习道路

一个人不管受教育程度到了哪一级水平，都有必要进行再教育，因为时代在变迁，知识也在更新，一个人要坚持终生接受教育。

接受传统的大学教育并不一定就是完成深造最合适的途径。与社会需求相适应，现在已有好多专为成人开办的学校。很多这样的学校都经过了有关部门的鉴定，证明是完全合格的，它们通常也能提供很好的教育。这些学校是针对某一特定领域对文凭和职业水准的需求而开办的，授课内容是依社会需要量身定做的。它们一般有着下面一些新特点：

1. 给人生经验分

有些职业学校在考查新生入学时会根据你的人生经历（包括做家庭主妇或妻子）而给你记学分，所以你应根据学校有关规定，以书面形式向校方说明自己已掌握的生活经验，可以使你得到相当于一门甚至几门课的学分，这可能会节省你一年的在校时间。

2. 自选课程

在很多可自选课程的学校中，允许学员自己对课程设置、研习计划、实验进度、阅读内容和心理需要进行的实习计划作出安排，但是你的计划必须得以修满学校规定必须修满的定量学分为前提，在此基础上，课程由自己根据需要自行设置。通过这种方式，你就能自己给自己设定课程表，只去选学你想要学会的东西就行了。这一切完全由你自己决定，没有人会从中干涉，去给你添加一些什么所谓的必修课程之类。

3. 函授课程

这些学校中，一般都设置一些声誉颇佳的函授课程，如果你对其中某一领域很感兴趣，你还可以待在家中，利用业余时间进行学习，当然，你还可以通过电视或互联网甚至手机学习某些课程。这种学习的时间和地点完全可以由你决定，选自己方便的时候（比如在晚上孩子都睡下了以后）。在自己家中学习，这是一种相当不错又负担得起的学习方法，可以使你了解到所选领域的好多技术细节。完成这类课程学习后，你会拿到一个相关的证书，这一证书在社会上通常是被认可的，在某些时候，还会受到特殊待遇。

4. 辅导项目

这些选择式教育项目通常都提供辅导，该领域的某位专家（有时候可以由学员自行选定）会受聘去当面对你（们）进行辅导。如果你参加了这样的辅导班，你就可以通过所学东西写出论文或报告的形式得到该课程的学分。在这种教育制度下，你还可以参加一些本领域内的研讨班，并能得到相关的学分。

5. 夜班和周末班

有些学校为了方便学员学习和工作，他们开设了夜班和周末班。你完全可以一周拿出一两个晚上，或者一月拿出一个周末去上基础公共课程。

正因为有这么多弹性的选择，自选教育才使在全职工作的情况下拿到专业学位成为可能，并且其结业速度之快，是传统的学校教育无法与之相比的。

还可以先在一所两年制社区学院就读，拿下一个专科学位（这通常所需费用不多），然后再转入一所名牌大学，将余下的两年修完。这种办法比起你完全就读一所昂贵的大学或学院，要少花很多钱，而得到的学位却是一样的。

除了以上这些与智商（IQ）和考试成绩联系起来的业余学习方式外，事实上还有几种特殊的学习方式，包括辅导、见习、生活和工作经历以及技术培训。

6. 指导

即在本领域的一位专家指导下学习，是一条获得个性化特色教育的绝好途径。实际上，在某些领域中（比如一些艺术领域和一些机械修理技术），除了同一个专家或能手一起工作，在他们的指导下边实践边学习这种方法，似乎已没有别的途径，这既可以通过正式途径对你和你的指导人作出明确的安排，也可以通过非正式途径来实现。当然，你的指导人也可以是自己的亲人，世上不是有很多表演世家吗？

7. 见习

见习是一种更为正式的接受指导方式。实质上就是边学习边工作，也可以算边工作边学习，最终走向成熟。在一些唯美艺术领域，见习是一个很长的也颇受重视的过程。艺术领域开办的很多类型的培训，像芭蕾舞学校，实际上都是些学徒项目。在那里你是在一边学习一边实践，通过实践学习获得专业知识。

8. 工作经历

工作经历也算得上一个重要的学习方式。许多职业都是在工作中达到精通的。将你在工作中的学习心得写成报告，有时是相当有帮助的（比如可以在大学里得到生活经验学分），你辛辛苦苦才获得的专业知识会因此而得到别人的认可。

9. 技术培训

有一些技术性的职业学校，会根据某些具体的技能设定培训项目，比如自动化机械学校、牙医学校、时尚设计学校或饭店管理学校，这些学校有一些高效培训方法，能使你很快对第一手艺达到精通，却不必学那些没有多大用处的必修课。

10. 逆境学校

生活是最好的老师，有些时候，从错误中学到的要比从成功中学到的多得多。然而，年轻女性不容易认识到生活已使她们学会了很多东西。安塔丽没有上过几年学，所以她总觉得自己缺少教育。可等她进了电脑培训学校，在那儿的一个指导老师的帮助下，她看清了做妈妈的经历已经使得自己学会了很多的技能。如果她将自己的小家庭视为自己的一种生意，在这一生意的财政收支问题上，她已经具有了相当的管理能力，她认识到用她自己的方式，在时间安排、人事管理和财政预算上已有着相当的经验。

## 读书的女性更美丽

爱读书的女人，不管走到哪里都是一道风景。也许她貌不惊人，但她的美丽却是骨子里透出来的，谈吐不俗，仪态大方。爱读书的女人，她的美，不是鲜花，不是美酒，她只是一杯散发着幽幽香气的淡淡清茶。

书对于女人的效力，不像睡眠。睡眠好的女人，容光焕发，失眠的女人眼圈乌黑。读书和不读书的女人在一天之内是看不出来的。书对于女人的效力，也不像美容食品，滋润得好的女人，驻颜有术，失养的女人憔悴不堪。读书和不读书的女人，在3个月之内，也是看不出来的。日子一天一天的走，书要一页一页的读。清风朗月水滴石穿，一年几年一辈子的读下去。书就像微波，从内到外震荡着我们的心，徐徐地加热，精神分子的结构就改变了，书的效力就凸现出来了。

有人说："书，是女人最好的饰品。"因此，无论有多少个理由，作为一个现代女性，一个期待精彩人生的女性，你一定要看书，而且要仔细地看。

# 第二章　真我的风采

## 现代女性的成功人生理念

在现今的社会中，两性的教育背景相当，在高教育、高知识的基础下，政治面会要求更多的民主，生活面则会要求更多的独立与自主。女性当然也不例外。与过去相比，现今全球的女性上班族是前所未有的多。现在的女性因为经济独立，进而人格、思想也都能独立自主，不再事事依附男性。

两性关系起了变化，社会环境也有很大的变迁。因此，对个人而言，家庭、婚姻、亲子等等关系也都进入了新的时代。如何重新学习来面对这种变化，自然就是大家要关注的重点。了解大时代的变化，对个人的调适固然重要，女性上班族尤其还要进一步清楚职场组织结构的变化，才能在人生生涯踏稳自己的脚步。

组织形成的调整一方面是因为人心思变，另一方面则是资讯快速流通使环境的变化加速。采用过去金字塔的决策方式旷日费时，而决策迅速、弹性大、权力下放的扁平式组织，则逐渐受到欢迎。组织变革其实是为了提高生产力，让每个人有机会直接面对问题并解决问题，而不是在不同的部门与层级中互踢皮球。因此，未来应不再强调以工作阶层来分权，而是按工作内容导向来分责。一旦员工的挥洒空间变大，反而可以发挥更大的潜能，自我实现也更易达成。

要适应扁平化组织的变化"找对人，做对事"就尤其重要了。而且找什么人做什么事，首先要顾及组织是在哪一个发展阶段，开创阶段适合用开创者来打开天下，组织一旦进入管理或授权阶段就应该以安定为目标，以管理型人才来改革内部的管理工作。

不管是两性关系的改变，还是组织结构的变化，女性既已日渐在职场扮演不可或缺的角色，就逃脱不了变化的洗礼。因此，了解自己，了解别人，以便回归来调整自己，就变成人生的重要课题了。那么，作为现代女性，想要成功应该具备哪些必备的理念呢？

1. 坚守诚信、正直的原则

管理经验和沟通能力是可以在日后工作中学习的，但一颗正直的心是无价的。一个人品不完善的人不可能成为一个真正有所作为的人。

2. 从小事塑造人格和积累诚信

那些身边的所谓"小事"，往往是成为一个人塑造人格和积累诚信的关键。一些贪小便宜、耍小聪明的行为只会把自己定性为一个贪图小利、没有出息的人的形象，最终因小失大。

3. 生活在群体之中

表达和沟通的能力是非常重要的。不论你做出了怎样优秀的成绩，不会表达，无法让更多的人去理解和分享，那就几乎等于白做。所以，你不可以只生活在一个人的世界中，而应当尽量学会与各类人交往和沟通，主动表达自己对各种事物的看法和意见。

4. 表达能力绝不只是"口才"

在表达自己思想的过程中，非语言表达方式和语言同样重要，有时作用甚至更明显。这里所讲的非语言表达方式是指人的仪表、举止、语气、声调和表情等。因为从这些方面,人们可以更直接、更形象地判断你为人、做事的能力,看出你的自信和热情,从而获得人生重要的"第一印象"。

5. 学会与人分享思想

在学习过程中,你千万不要不愿意把好的思路、想法和结果与别人分享,担心别人走到你前面的想法是不健康的,也无助于你的成功。有一句谚语说,"你付出的越多,你得到的越多"。

6. 要有团队精神

在团队之中,要勇于承认他人的贡献。如果借助了别人的智慧和成果,就应该声明。如果得到了他人的帮助,就应该表示感谢,这也是团队精神的基本体现。

7. 做一个主动的人

你应该不只是被动地等待别人告诉你应该做什么,而是应该主动去了解自己要做什么,并且规划它们,然后全力以赴地去完成。

8. 虚心听取他人的批评和意见

其实,这也是一种进取心的体现。要想抓住转瞬即逝的机会,就必须学会说服他人,向别人推销自己或自己的观点。在说服他人之前,要先说服自己。你的激情加上才智往往折射出你的潜力,一个好的自我推销策略可以令事情的发展锦上添花。

9. 挑战自我,开发自身潜力

一个人的领导素质对于他将来的治学、经商或从政都是十分重要的。在任何时候、任何环境里,我们都应该有意识地培养自己的领导才能。

10. 给自己设定目标

目标设定过高固然不切实际,但是目标千万不可定得太低。在21世纪,竞争已经没有疆界,你应该放开思维,站在一个更高的起点,给自己设定一个更具挑战性的标准，才会有准确的努力方向和广阔的前景，切不可做"井底之蛙"。在订立目标方面，千万不要有"宁为鸡首，不为牛后"的思想。

11. 要求你要比现在的你更强

一个成功的人与一个一般的人在一般问题上的表现则会有天壤之别。作家威廉·福克纳说过："不要竭尽全力去和你的同僚竞争。你更应该在乎的是：你要比现在的你更强。"

12. 选择最热爱和最愿意投入的专业

在确立将来事业的目标时，不要忘了扪心自问："这是不是我最热爱的专业？我是否愿意全力投入？"对自己所选择从事的工作应该充满激情和想象力，对前进途中可能出现的各种艰难险阻无所畏惧，不断地挑战自我、完善自我，让自己的一生过得精彩又充实。

13. 客观、直截了当的沟通

不论是做学问、搞研究还是经商，我们都不能盲从，要多想几个为什么。有了客观的意见，你就应该直截了当地表达。拐弯抹角，言不由衷，结果浪费了大家的宝贵时间。瞻前顾后，生怕说错话，结果是变成谨小慎微的懦夫。更糟糕的是还有些人，当面不说，背后乱讲，这样对他人和自己都毫无益处，最后只能是破坏了集体的团结。

14. 开诚布公，敢于说"不"

这才是尊重自己思想意愿的表现，但要注意的是在表达自己的想法和意见时要采取谦和的态度，要向对方表达出自己的诚意，不要为批评而批评，也不要为辩论而批评，这样对方才能接受你的批评或建议。

# 无与伦比的优势

优势被女人们视为衡量人生价值的标准。因此，每个女性都希望自己看起来比别人漂亮，比别人体面，比别人有优越感。但是，优势的获得不是一件容易的事，许多女性曾为此伤透脑筋，吃够苦头。研究妇女问题的专家们发现，女性优势的获得首先是从心灵开始的，没有正确的心态，健康优良的心理，一个女性便无法取得其他任何方面的优势。

无可争议，一件事能否成功，主要看做者的态度如何。简单地说，态度比天资更重要。

态度这个主题有许多层面，其中之一是与"乐观"有关。乐观的人穿破了鞋子，会庆幸自己很幸运又找到踏实的感觉了。有个比喻说得好，悲观的人说："我看见了才相信。"乐观的人却说："只要我相信，就会看见。"乐观的人采取行动，悲观的人却只会守株待兔。乐观的人看见半杯水，会说杯子是半满的；悲观的人看见半杯水，会说杯子是半空的，无疑最后的结果是，前者会再加水进去，后者却会把水倒出来。对社会没有贡献，只知一味取之于社会的人，悲观是必然的，而且通常都是宿命论者，因为他始终担心得到的不够多。尽己之力奉献社会的人，则是乐观的、自信的，因为他遇到问题时总是自己设法解决。在漫长的人生路途中，成败往往只是一线之隔。

事实证明，微不足道的细节往往是决定胜负、成败的关键。例如手表慢了四小时绝对不成问题，因为一看就知道时间不对。但是如果只慢四分钟，问题可就大了。例如要乘十点钟起飞的航班，你却十点零四分才赶到，那就绝对乘不上了。

在人生的各种竞赛中，成败之间往往只有极小的差距，但是所得到的报酬却有天壤之别。

"几乎"谈成的买卖拿不到佣金，"几乎"要出行的旅游根本没有趣味，"几乎"可以升级也没办法加薪。差之毫厘，失之千里，而成败的关键就在于"正确的心态"。

看分数学习的学生，当然可以得到高分。但是为求知而学习的学生，在得到更高的分数的同时还会获得更丰富的知识。如果你只为薪水工作，虽然可以得到薪水，但是数目可能不大。如果你为了公司的前途而工作，不仅会获得高薪，而且会得到个人的成就感及同事的敬重。

女性朋友，不要把目光局限于表面、眼前，要想真正比她人拥有更多的优势，首先应从"心"做起，这样你的优势就会无与伦比。

实际上，女性的优势是显而易见的。女性，有异常灵敏的听觉，更有耐力将爱情进行到底，具有高情商的企业精神……就是老掉了牙，仍是骄傲的长寿星。

1. 翩跹入舞池

女性踱着盈盈舞步，身体随着音乐婀娜多姿，优雅轻巧。相比之下，男人就显得笨手笨脚，诚惶诚恐，连连踩对方的鞋，尴尬之极。据研究证明女性在身体机械运动方面控制力强，肢体灵活柔软，整体协调能力好。

2. 超级目击者

女性关注细枝末节，记忆准确。有行为学博士与警察学院合作，专门对目击证人进行研究，结果证实：在回忆嫌疑人的明显特征方面，如发色、着装、体态、身高等，女性普遍比男性强。

3. 迷途知返

让一位男士闭上双眼，指出东南西北 4 个方向，他一定说得相当准确，这算不得什么。如果让一位女性和一名男性一同外出，半路迷失了方向，那个先找到回家路的人一般是女性。女性倾向于记有明显特征的路标，在颇为复杂的地形旅行时这一点特别能派上用场。

### 4. 理财能手

据调查，清一色女性投资俱乐部购买的股票，平均每年回报率是 21.3%，清一色男性投资俱乐部回报率为 15%。女性倾向于做长线计划，买些绩优股和基金，心装定海神针，保有较高的持股信心。男人则容易受高风险股的诱惑，铤而走险。其原因有二，一方面女性的脑前皮层面积比男人大，这决定耐心大小；另一方面，从人类进化角度看，打猎的分工要求男人分析动物和鸟类的生活习性，月亮的盈亏规律，然后据此决定下月或来年迁至何处，不必太劳心。打理后勤，哺育孩子的责任对女性的要求就不一样，她们不得不为应付 10 年甚至几十年以后可能发生的变故做好心理准备，因而眼光放得更远，脑子比较冷静。

### 5. 高情商企业精神

完全女性当家的公司比一般的公司更容易维持。智商高低形不成太大优势，情商更为重要。女性做出重大决策之前，特别注意收集各方面信息，多渠道了解情况，加以仔细分析，权衡利弊。女企业家比较敏感，注意察言观色，重视与员工建立良好的上下级关系，认真倾听幕僚的建议，营造和谐氛围，提高工作效率。

### 6. 绝好的沟通者

众所周知，在语言领悟能力测试中，女性通常优于男性。生理学家认为，这可能与雌性激素的分泌有关，它使语言信息在交感神经元中的流动变得通畅，口头表达能力更高。女性善于用自己在语言方面的优势加强与别人沟通，建立良好的协作关系。

### 7. 天生的广角镜

性别基因决定了眼球结构的差异，Y 染色体们的强项是深入透视，X 染色体们具有开阔的视野。在这一点上，女性优于男性。在险象环生的世界上，眼观六路不仅可帮助我们感觉到是否有人偷窥或在后面尾随，还有助于更好地理解别人的肢体语言与最微妙处接收到那些不可言传只可意会的信息。

女性天生的优势注定了她们不应是弱者，她们有理由有能力成为主宰生活的强者。

## 现代女性如何运用自己的优势

美国社会工作者波莉·伯德女士在《让自己更完美》一书中，阐述了现代女性在工作和生活中如何运用自己的优势。

1. 发掘自己的优点

波莉·伯德女士认为：在你诸事不顺的时候或许会认为自己一无是处，也无法合适展现出自己最佳的形象。这时，你或许会叹道："我在任何场合从没穿对过衣服，一碰到客户就会紧张兮兮，无法做出正确无误的简报，还有，在碰到上司时也开始絮絮叨叨起来……这些都使我认为自己不值得信任，没有人会喜欢我。"大概我们每个人在某些时刻都会有这种感受，但坦白地说这并不是事实，否则你就不会升为经理了。

如何改正这种不良心态呢？首先就要发掘出自己的优点，这样就能让它们为你工作，也就是说你愈专心致志于自己优点的发挥，弱点就愈快消失或减少。现在，请列出自己在工作中的所有优点，如同下例：

我一定会准时完成自己的工作。

我的属下会发现我依然有着女性的温情。

我的同事经常请教我。

我是个认真的聆听者。

我在自己的专业领域内可说是位专家。

我喜欢和客户们交流。

大家都认为我说话很有说服力。

2. 改进自己的缺点

工作中除优点外，就是缺点了，但缺点是能改进的。如果想要知道自己有哪些地方需要改进，不妨问问自己下面这些问题：

我在自己的工作领域中可算是位专家吗？为了增进自己的专业知识与技术，我还要接受什么样的特殊训练或从事哪种研究？

我一直是个可以信赖的人吗？有没有什么方法可以增加他人对我的信赖度？

我所展现的热情，会不会使人感到过分？

我是否乐于把自己的知识与他人分享？我是否会尽一切力量把自己所知道的教给别人。

我的服饰和打扮符合自己的身份吗？还有我会忽略掉在服饰装扮上该注意的事吗？

我对人和颜悦色吗？是否有人会认为我怪异、无话可谈？对于后者我可以加以改进吗？

我能与其他人相处愉快还是希望尽量避开其他人？如果是后者的话，我又该采取什么步骤来改善？

其他人会受到我的激励？还是他们各行其是，不会管我？

相信你正确回答了上述几个问题，并着手在工作中加以改进，你一定能在工作中处处得心应手、游刃有余。

# 坚守自己的个性

性格是一笔财富，人生有一个可爱的性格，会使你一辈子受用无穷。

世界上所有的珍贵东西，都是不可仿制的，是绝无仅有的。作为女性大家族中的你，也是这个世界上独一无二的。

　　或许你的形象比不上她人的娇美，或许你的财富和他人比起来显得微不足道，但你大可不必东施效颦，自惭形秽，你的勤奋刻苦，你的自强不息，谁又能不承认是人生的一大亮点呢？

　　世界上没有两片完全相同的叶子，即使你是双胞胎，姐妹俩在言谈举止等方面有诸多的相似之处，但在对你倾心的人心中，你依然是一枝独秀，是人世间任何一个"她"都无法比拟和取代的。

　　自古至今的一句老话叫"尺有所短，寸有所长"，想想真的很有道理。

　　她有她的优势，你有你的长处，没有太多的理由拿自己和她去对照，更没有通过自己的有意对比而给自己心理造成某种压力的必要。

　　唐代大诗人李白曾说"天生我材必有用"。既然如此，人家是块金子能闪闪发光灿烂夺目，我是块煤炭就熊熊燃烧温暖世界。

　　个性就是特点，特点就是优势，优势就是力量，力量就是美。

　　为了模仿她人而削足适履，是愚者所为。

　　为了追随时尚而趋之若鹜，汇聚在一起的是成堆的商品而非艺术。

　　尊重自己的个性，坚守自己的个性，在女性这座百花园中，你同样是朵奇葩！

# 自我个性完善

　　全面地了解自己的个性，并把握和完善它，个性也会成为女性成功的财富。女性的个性就像七彩的服装一样，各有不同，色彩斑斓。

　　把女性个性做个简要统计，归纳出 10 种个性女性。也许你恰恰属于这 10 种之一，或者有某些性格和这 10 种之中的某一种有些相近。针对这 10 种女性的个性特征，略提一些忠告，仅供女性了解自己的个性参考。

1. 逍遥消费型女性

她们常出入高级饭店、宾馆、高级购物场所，手里有大把大把的票子，喜欢无拘无束地生活。她们认为明天还遥远，不值得为它而过于费神，要的是现在，只要今天快乐就行，不愿在紧张的工作学习之余再给自己"添堵"。她们常常穿着奇装异服，追求高档次、高格调、高价格。这些女孩在恋爱过程中喜欢和与自己有共同嗜好的男性或有强大经济实力的大款交往。

忠告：这样的女性，应该避免自以为是，不倾听友人的劝告，殊不知，再美的花朵也有凋谢的一天，不要等到梦醒时，才恍然大悟。

2. 畏首畏尾型女性

面对科技的不断发展，生活节奏的不断加快，有些女性越来越缺乏自信，特别是走向社会，发现自己柔弱得像株小草，很难经得起风吹雨打。特别是经历了几次挫折后，便决定循规蹈矩地做人，四平八稳地做事。表现得办事思前顾后，畏首畏尾缺乏创意。她们喜欢穿洁净高雅的服装，生活上从不奢侈，喜欢做家务或做手工。这样的女孩易于和知识层次较高的男孩恋爱，不慕金钱，讲求人品、家境。

忠告：这样的女性，应忌滋长自己对他人的依赖意识，应加强自信心和适应外界环境能力的培养。

3. 自以为是型女性

这类女性为了拥有更加辉煌灿烂的明天，她们不断地给自己提出更高的要求。为了使自己的所作所为能最终为众人肯定，不惜花钱学习舞蹈，或其他专修课程，甚至满怀野心地自己投资兴业，在有限的时间内，极力塑造理想的自我形象，提高自我地位。这样的女性自我意识很强，很难把别人看在眼里，常常用金钱和时间来充实自我，当然比一般女性更具魅力。这些女孩喜欢着装高贵、脱俗。她们喜欢和极富天才的男孩交朋友，恋爱充满了浪漫。

忠告：这样的女性，应忌人际关系艰涩，看不起弱者；谨记曲高和寡。

4. 墨守成规型女性

这样的女性总是以尽快成为一个真正女人为目的，在任何场所都守规矩，决不会给他人添麻烦，不说他人不爱听的话，很少和同事发生冲突，讲话礼貌、优雅；她们一般都喜欢看人脸色行事；她们喜欢穿着十分平常的衣服，喜欢传统绘画作品和传统室内装饰，喜欢和自己性格相差较大的男性结合。

忠告：这样的女性，应忌因自己缺少主张而听任摆布，谨记人不是木偶。

5. 光说不练的嘴把式型女性

这样的女性侃侃而谈海阔天空，是典型的"万事通"，她们善于在众多谈话者中占领发言的一席之地，喜欢随大流谈论时尚问题，好像每一件事情都能参与进去并拿出见解。她们有很多想做的事情，但每件事都做不成。她们只注重服装的款式和颜色。这样的女性喜欢稳重坚强的男性，常常对异性充满兴趣并保持交往。

忠告：这样的女性，应忌兴趣过于宽泛，广而不精，人云亦云。谨记随口飞出的不光是唾沫，还有大好的青春时光。

6. 任劳任怨型女性

这样的女性情愿牺牲自己的业余时间投身工作，虽然常遭到领导和同事的欺负，却每天仍卖命去工作并以此为荣。在性格上，为了塑造自我形象，排斥一切娱乐活动，并以工作忙碌来作借口。这样的女性穿着一般或整日不脱制服，喜欢完美的男性，尤其是不惧危险而有魅力者。

忠告：这样的女性，应忌生活固定于单层面领域，缺乏多彩、变幻；忌过于疲劳而失去工作的情趣。

### 7. 追求时髦型女性

新时代涌现出来的新女性特征。这样的女性常以女性光彩、华丽的服饰做外壳，喜欢谈论高级装饰品、高级消费场所见闻，以此展示自我魅力。她们崇尚物质享受，追逐豪华娱乐方式，爱慕虚荣，对待朋友的态度被势利的眼光左右。她们主张使用高级用品，喜欢与可以满足其虚荣心的男人交往，以随时赠送礼物和物质享用为第一条件。

忠告：这样的女性，应忌因一时冲动和物质利益而留下终身遗憾；忌失去自我价值。

### 8. 拜金主义型女性

以保值为人生最大乐趣，把所有值钱的东西换成保值品如黄金等。性格高傲，固执己见，外人难以揣测其心理特征。这种女性感情十分丰富，穿着夺目。喜欢和衣着潇洒、风度翩翩的男性交往。

忠告：这种女性，应忌缺乏充实的内心寄托；忌缺少人间情感交融。

### 9. 自我表现型女性

这样的女性善于不分场合地点展示自己的才能。她们自认为本身具有某种程度的素质与众不同。在聚会时，自我意识十分强烈，常常忘掉自我的位置。在性格上喜欢不断地丰富头脑，为的是能有更多的机会出风头。学习新事物的意愿强烈，但往往缺乏应有的毅力和恒心。喜欢穿鲜艳款式的服装或与众不同的色彩服饰，喜欢正直、老实而有鉴赏力的男子。

忠告：这样的女性，忌毛手毛脚，坐立不稳，不踏实；忌脱离群众，人际关系不畅。

### 10. 听天由命型女性

对周围朋友的事和自己工作、生活中的事不思考，无所谓。任凭其随意改变。凡事不经大脑，听天由命。从性格上看比较随和，虽很精明但懒于实践。喜欢正统的直发，穿着衣服较为朴素，不希望奇特的服装给自己带来麻烦。喜欢比自己大的、各方面成熟有依靠的男性。

忠告：这种女性，忌为他人左右，缺乏自主性；忌轻易认同他人，受骗上当。

## 塑造迷人的个性

俗话说：人如其面，各有不同。生活中，每一个女性都有其独特的个性特点，比如有的女性性情温柔，有的女性脾气火爆，有的女性常常谈笑风生，有的女性往往沉默寡言……这些比较稳定地出现在一个女性身上的特征，就是我们所说的个性。每个女性的个性都不相同，一般来说，成功女性的个性是比较迷人的。

其实，人的个性还是有一定可塑性的，它可以随着现实环境的多样和改变而或多或少地发生变化，在这其中自我调节起着非常重要的作用。因此，每个女性都可以塑造自己迷人的个性。

所谓迷人的个性，说白了，就是能吸引人的个性。任何人都有个性，但你的个性是否令人喜爱，那就是另一回事了。

那么，怎么才叫有迷人的个性呢？

首先，你要对其他人的生活、工作表示出浓厚的关心和兴趣。每个人都认为自己是个特别的个体，每个人都希望受人重视，这一点值得注意，我们应该承认每个人的独特的价值。如果你对他人表示了足够的关心，那人们必定会对你有所回报的，他们会说你"这个人真好，特热情，特能关心体贴人"，并到处向人夸奖你的好处。这么一来，你岂不是可以成为一个人人喜爱的人了吗？

其次，健康、充满活力和具有丰富的想象力也会使你显得迷人可爱。大家都喜欢富有朝气、活力四射的人，而没有人会喜欢无精打采、死气沉沉的人。

轻松活泼的女性可以给周围的人带来一股清新之气，周围的人和气氛也会因你的感染而发生改变，相信人人都会因此喜爱你的。

第三，要有容人的气量，这是一个女性塑造自己迷人个性中最重要的一条。每个人都希望自己能被人接纳，希望能够轻轻松松地与人相处，希望和能够接受自己的人在一起。那些专门找人家的毛病而吹毛求疵的女性，一定不会受人欢迎。所以，你千万不要试图叫别人的行动合乎自己的准则，而要给对方以充分的自由空间，要让你身旁的人感到轻松自在。尤其是在夫妻之间，做妻子的一定要能容纳丈夫的一切，包括优点和缺点，要爱他、信任他，这样他才会充满自信地接受外界的任何挑战。一个能容纳自己丈夫的女性，必定会得到丈夫的加倍怜爱；相反，如果丈夫回家后，妻子只会唠叨、抱怨不停，他的自信心、自尊心会大受打击而变得情绪低落，甚至对妻子失去耐心，相互挑毛病而使感情破裂，这样的结局就不太美妙了。难怪有位大企业家透露他的用人秘诀：在想提升某人之前，先去调查他的妻子，这里并不是调查她长得漂不漂亮、会不会做饭，而是调查她是否能让她的先生充满自信。

最后，要经常看到别人的优点，夸奖甚至连他们自己都不能意识到的长处，这样可以使被夸奖的人感到非常高兴，他又怎么会不觉得你是善解人意和富有吸引力的女性呢？也就是说，我们不能只停留在接受忍耐他人的缺点上，还要更进一步找出他人的长处。每个人都一定会拥有不大为人所知的优点，只要你有心，发现并不太难。

## 拥有自己的朋友圈子

一个真正有魅力的女性应该有自己的朋友圈子，也就是说有一群自己的朋友。拥有自己空间的人，往往不会因家庭或工作中出现的矛盾而苦恼不堪，她们懂得运用朋友的安慰来抚平心灵的创伤。这样的女性因其自身的丰富而散发着独特的魅力。她们懂得排遣郁闷的方法，因此心态也就比较平和，也就会时常焕发出青春的活力。这样的女孩也就更能保持持久的魅力。

1. 朋友，你应该珍惜的财富

友谊是我们哀伤时的缓和剂，激情时的疏解剂，是我们压力的流泄口，我们灾难时的庇护所。选那些对你工作生活上有帮助的人做朋友，会使你获益匪浅。

有些事情如工作失意、爱情迷茫，自己排解不了时你的朋友便可以帮助你。朋友是你生活上的调解者。朋友的劝勉与支持，会使你恢复信心，振作精神，使你不再感受孤单。在与朋友沟通的时候也要注意一些方法。

（1）暗示是一种动力。暗示是为了保全他人自尊时采取的一种比较含蓄的不直接指责、间接地让人做出你希望他人做的事的心理办法。人与人交往的时候，总是不能完全地了解对方的心思，所以有时候暗示的力量可能发挥很大的作用。在一些不方便诉说的场合，你可以用暗示的方法表达你的意愿，或者表达你的批评。由于暗示可以顾全他人的颜面，他人也会感激不尽，从而帮助你取得你想要的结果。善于运用暗示的人，一般会受到大多数人的喜爱与支持。

（2）注意语言的优美。一个人，如果说话的方式或者语言特别有技巧，她往往能够找到关于一件事的最好的表达方法，她能够考虑到听话人的感受，不会特别尖锐或者带有讽刺的意味，从而使听话的人有种如沐春风的感觉。这样的说话方法比较讨人喜爱，如果是一个说话尖锐、大大咧咧的人，大家可能就会对她敬而远之。

（3）沟通需要尊重。人与人之间交流的基础便是互相的尊重。只有学会尊重他人，考虑到对方的感受才能够达到真正的沟通。沟通是双方共同努力才能完成的，如果只是其中一方的努力是不可能完成的。

（4）与志同道合的朋友在一起。之所以称作朋友，那么那个人应该与你有一定的相同点，和她在一起，你会有收获，她从你这里也可以得到自己想要的东西。这样没有利益冲突的，互相有交流的朋友关系可以让你感到非常安全和放松。

2. 如何与异性建立纯洁的友谊

就女性来说，除了一个男人，她们还需要更多的男性朋友，以扮演兄弟、长辈的角色，来帮助其解决难题，分担痛苦。这样的关系没有情欲或权利义务的成分。这种关系是很多女性期望的两性关系。但事实却是，很多女性朋友都觉得与异性建立起友谊困难重重，男性似乎总是抱着各种各样的目的，当你真诚地对待他们、把他们当成自己的朋友、兄长、长辈等时，他们却让人大失所望。

相当一部分男性都不太相信异性友情。在他们看来，异性间的友情是不大可能形成的。他们的意识还比较偏近动物性，认为男女之间的主要关系应该是情欲方面的。因此，女性，尤其是年轻女孩子应该注意，她们认为男性也和她们一样可以以纯洁换取纯洁。其实不然，与男性交往时不要太轻信于他们的承诺，他们如果答应你成为你的朋友，但事实是可能并非按照你的期望发展，因此，与男性交往时要注意不要轻信。

其实异性之间也可以建立起友情的，只要大家都不存歪念，两性之间也可以相安无事的。在与男性交往的过程中，不要被他们的表面所迷惑，尤其是当女性带着感激的心情与之交往的话，更容易陷入其感情的陷阱中。因此，女性在与男性交往的过程中，最好不要太多的表露自己的女性特质，如果让他们感觉到你是他们的哥们儿，那么他们也就不太会往别的方面去想，那么在与异性友谊方面就可以占更多胜算。

3. 闺中密友，你不可以失去的朋友

每个女性差不多都有一两个闺中密友，她们是每个女性最好的倾诉者和倾听者，有时候她们的观点可以让你走出迷茫，看清楚自己所处的位置，给自己很大的帮助，有时候甚至是重新振作的力量源泉。女性与女性之间没有太大的利益冲突，她们可以互相支持，互相体谅，在遇到感情或生活问题时，能够以集体的力量战胜"自然灾害"。

女性间的友谊如果发展得很好，可以让女性不会感到那么孤立无援。在与女性朋友交往的时候，最重要的一点是要注意真诚地对待她，彼此需要信任。其次，两人应该多交流分享，不管是工作还是生活方面，如果你有问题了，告诉你的女友，她可以给你很客观的分析及建议，而且从中她还可以感觉到你对她的信任。两人交往还应给彼此一个自由的空间，有些事情她不愿意说，不用去强求，你只要告诉她你永远支持她，这便是对她最大的帮助了。彼此之间还应怀有宽容之心，不嫉妒，以一种平和的心态来看待你们之间的感情。

经营好你与你的闺中密友的感情，你就是在经营一个坚强的后盾与支柱。

## 坚强面对人生

是的，人生不可能一帆风顺，所以自从你有自我意识的那一刻起，你就要有一个明确的认识，那就是人的一辈子必定有风有浪，绝对不可能日日是好日、年年是好年，所以当你遇到挫折时，不要觉得惊讶和沮丧，反而应该视为当然，然后冷静地看待它、解决它。

很多女性遭逢生命的变故时，总会不停埋怨老天："为什么是我？""为什么我就这么倒霉？""我为什么这么命苦？"……即使哭哑了嗓子，事情也不会无缘无故地好转，所以要坚强地面对。

碰到令人伤心的事情发生时，你第一个念头要告诉自己："它来了！这是必经的进程，只有自己能帮助自己，所以我要勇敢面对，现在就想办法处理!"

不断用心灵的力量来为自己打气,然后要比平时更振作,才能让自己走过生命的黑暗期,迎向灿烂的光明。

遇到困难时,越是坚强的女性,越有一股让人尊敬与心疼的魅力,唯有自己表现得更坚强,别人才能帮助你。

如果你被击倒了,只想一辈子这么赖着、等着、靠着,那么别人也只能选择让你自生自灭,是你断了自己重生的后路。

# 第三章  展现迷人魅力

## 魅力究竟是什么

在现实生活当中，几乎所有的男性都喜欢与有魅力的女性相处，因为你使他感觉很好。你的魅力使你有一种特别的力量，不断地感染他人，使其对你羡慕。

很多人认为只有女名人或具有雄厚经济基础的女性才能拥有魅力，才有可能去打造真正属于自己的魅力。这样的想法是错误的。著名化妆品牌羽西的创始人靳羽西曾说过："魅力不是名人的专利，魅力是属于每一个人的。魅力也不是和金钱权势联系在一起，无论你是何种职业、任何年龄，哪怕你是这个社会中最普通的一员，你也可以有魅力。"

那么魅力究竟是指什么呢？

美丽的容颜？当然，这可以给人留下美好的第一印象；得体的打扮？这可以表现品位；具有幽默感？这可以让人乐于与你相处……但是，这些是远远不够的，真正的魅力包含了更多的内蕴。

我们很难给魅力下一个准确且精确的定义，但是，我们可以通过对魅力不同方位的关照对它进行细致而具体的描述。于女性而言，魅力包括以下几个方面：

1. 气质

气质是魅力的核心。气质来源于内心的涵养、对礼仪的理解、优雅的谈吐和得体的穿着。

2. 形象

包括仪容、仪表和心态。

3. 修养

有修养（包括品行修养和文化修养）的女性是最有魅力的女性。

4. 心态

良好的心态不仅是让现代女性在感情、事业生活中如鱼得水的保证，而且是增添自身魅力的重要法宝。

以上四点是魅力的源泉，只有在这些因素中的一个或几个方面具有突出的个人优势，一个人才有可能在别人眼中是个有魅力的人。记得有人说过："外表美并不是真正的美，只有内在美才是真正的美。女性漂亮的标准可以写在脸上，但最能打动人心的却是她的文化修养，是她的宽容、大度，内在与外在的和谐才能使女性最具有魅力。"所以说，美丽的容颜可以让一个女性很有魅力，但是决定魅力的最根本的因素却是那由内而外散发出来的、无所不在的迷人气质，它体现在你优雅的举手投足之间，体现在你得体的谈吐之间，体现在你日常的待人接物之间。

正是这种说不清也道不明的气质让你具有一种磁铁般的吸引力，即是魅力。

魅力，应该是能使爱的对象着迷的一种成熟而稳定的感召力。青春的风采、灵与肉、健与美、智与力的蓬勃，为形成撼动人心的魅力提供了最充足的养分。

# 魅力女性的七种武器

美丽的女人人见人爱，但真正令人神魂颠倒的，往往是具有魅力的女人。

从女性的角度来看，完美的女性是什么样的呢？美丽大方、善于处理家务、打扮得体、聪明伶俐、待人亲切——这是女性心目中的理想女性。

但从男性的眼光看理想的女性应该是贤惠的妻子、热情的情人、慈祥的母亲、圣洁的天使、值得信赖的朋友，有时她能倾听他的话语，对他百依百顺，并且能够抚慰他的心灵；有时则希望她能撒撒娇，让他扮演保护者的角色。

想让自己成为无论在同性还是异性眼中魅力十足的女人就要掌握以下这7种武器：

1. 修饰得当，有独到的品位

她长得不一定非常标致，但看上去赏心悦目；她不追求潮流，却能独运匠心穿出个人品位。她能传达出内心的成熟与丰富，像一杯醇厚的葡萄酒，令人微醺微醉。

2. 出得厅堂入得厨房

不要以为有魅力的女人只能享受高档的西餐，不屑于家常的小菜，真正有魅力的女人是入得厨房出得厅堂的。她们能享受星级饭店里的烛光晚餐，而对家常的小菜也颇有研究。外出时打扮得体，举止高雅；回到家中，温柔贤惠，干净利落。

3. 聪明博学

"女子无才便是德"早已是过时之言，才女的冰雪聪明、玲珑剔透令人折服，她知识广博，有说不完的丰富话题，天文地理、科技人文，信手拈来，绝不会令你感到琐碎无聊。

4. 言语风趣收放自如

她很懂得语言的艺术，从不会在观点不一时将自己的意见强加于人。她会轻松地化解无聊的玩笑，既不会板起面孔制造尴尬，亦不会不声不响照单全收，她会以委婉的方式暗示对方"此种话题不受欢迎"。

5. 追求爱情却不痴迷

她深知，爱情不是女人生命的全部，太多的期盼只会在将来化作冲天怨气。或许她会勇于向心仪的男子表达好感，因为她心目中的好男人可遇而不可求，她愿意为追求幸福冒被拒绝的风险。然而她不会是被爱情困住的金丝鸟，她不会痴痴等候，亲情与友情也是她生活中很重要的部分，她追求独立，依附与纠缠不清的爱情不是她所要的。

6. 善待自己

在任何时候她都不会伤害自己，情场失意、事业受阻只会带给她短暂的失意低落，她不会因此类原因堕落或放纵。她爱惜自己，知道良好的健康状况对现代人的重要，她常积极地参与运动以保持自己良好的身材，她不会吝惜花在保养自己容貌及身体上的金钱与时间。有极好的生活习惯，抽烟、饮酒、通宵达旦宴饮狂欢都不会发生在她身上。

7. 人格独立

新好女性有完整独立的人格。在经济上，不依靠任何人，因为她懂得坚实的经济基础是维护自我尊严的必需。通过经济的独立，她享受着成就的满足感；在精神境界，她不是某个男人的附属品，而是更加具有自我意识，她们追求自我的价值，自我的目标。

# 魅力女性的六种精品气质

气质不能投机取巧地移植复制，也不能一蹴而成，必须有一些阅历积淀，才渐渐成为举手投足间不经意流露出的气息。就像戴安娜，初嫁时满脸怯怯，后来褪却青涩，连眼神里都有着皇家气度。

气质是女性最经典的品牌，是一个女性是否成为精品的关键。相对身体而言，气质则是厚重的、内涵的，气质是文化底蕴、素质修养的升华。"内外兼修"的现代女性，从文化及品味入手提升气质。关于气质，还有很多别的代名词：高贵、性感、情趣、妩媚抑或神秘等等。聪明的女性知道内涵够不够，也是体现或影响外在形象的因子之一。

气质，是你的品牌，你属于哪种气质，你就是哪种品牌。

1. 纯真

纯真并不是无知，也不是小女孩的专利。纯真是一种简单的品质，这种简单不是幼稚，而是阅尽风景之后的返璞归真。岁月永不会带给她沧桑，因为她有自然、纯真的天性。这种天性使她无拘无束，随心所欲又有些漫不经心。她热爱生活，热爱很多东西，但从不会过分沉迷，她讨厌艰涩和故作深刻。

这类女性的风度来自诚实的自我表现，现代女性越来越追求真诚，该说的说，该怒的怒。对的坚持，错的改正。持这种真诚的生活态度的人，都敢于面对现实，敢于正视自己和正视别人，她们心地坦荡，纯真无瑕。

如果你是个纯真气质的女性，对于那些疲惫打拼的成功男人来说，你的简单极富吸引力。你懂得享受生活，从不会太亏待自己。但是如果你渴望成为一个成功的女性，你要学习对事业更执着一些，同时对于生活中的小节稍稍在意一些，你会更有魅力。

2. 高贵

她是男人生活中的一道风景。她喜欢豪华、热闹的生活，以施展她社交明星的魅力。她无须去做深沉的思考，也从不理会生活以外的东西，她为她自己而沉醉。在最华丽的场合，高贵的女性出尽风头。她喜欢那种众星捧月的感觉，她用她的高贵征服男人，就像男人用成功征服自己生活的世界。

高贵女性的可望不可及对男人有着致命的吸引，然而缺点往往就是优点的不恰当延伸。身为高贵女性，可能常会令你有高处不胜寒的感觉。其实，高贵并不代表你不应该更具有亲和力。戴安娜的亲民形象丝毫无损于她的高贵。高贵并不意味着你要与孤独同行，具有亲和力的高贵是一种令人无法抵抗的魅力。

3. 知性

她外表质朴、自然、不事雕琢，内心浪漫，与世无争，强调个性却不张扬。只有能够进入她内心的人才能真正了解她，也才能为她所欣赏。她的气质和教养是她丰富内心的流露，也是与别人拉开距离的原因。她从不因为物质的满足而放弃精神的追求，相反是物质基础使她更有实力建构自己的精神世界。

知识女性常常也是理性的女性，聪明而善用头脑，很少感情用事，不会因冲动而铸错。如果你是独立的知性女性，在打拼一片自己的事业空间，经营一个幸福家庭时，一定要懂得适度施展女性的魅力。

4. 温柔

温柔是一种性情，但首先，它是一种气质。而且是最女性化的一种气质，它的最动人处，就在那种令人身心安宁的柔和。这些气质再加上聪慧，就足以令你成为一个男人渴望的港湾。

男人的勇敢和刚强需要女性的温柔去平衡，男人的拼搏乃至牺牲须要女性的支持和理解，男人在工作上需要细心精明正派的助手，可最正派的男人的卧室里也要知心的会撒娇的女性做妻子。

女性的温柔是一种神奇微妙的东西。它听不见，看不出，摸不着，但却实实在在地能让人感受得到。温柔总和仁慈、宽厚、善良相伴，但女性的温柔绝不是无原则地忍让，也不是丧失自我的一种牺牲。温柔并不是示弱于人，它是你的武器，不要让它成为别人控制你的借口。

5. 野性

具有野性气质的女性像一匹难以驾驭的野马，奔放、潇洒、热烈、不羁。她让你联想起一切浓烈和快节奏的感受，她一向简洁、痛快的作风容不得半点纠缠。野性的女性别有一种妩媚和性感，她的热情和野性令人着迷。

野性的魅力像一种永不败落的花，不时得游离在纷繁错落的时尚中央，点击着人们不灭的激情，这种性感不羁的女性气质显现出不得不爱的媚惑。她们不代表强势的女性，更不代表中性色彩的女性，她们只代表一种充满原始色彩的风格，是种浑然不觉的野性气质，在不屑与矛盾中的时尚张扬。

野性并不是刁蛮和任性，如果把蛮不讲理当做野性魅力，只能使你魅力全无，堕落到了泼妇的地步。

6. 优雅

优雅是一种古典又浪漫的气质，优雅的女性不会很刻意地追求一些时尚的潮流，而改变自己的品位。她们并不在乎名牌的效应，但她们很懂得如何去装点。

优雅并不是矫情和做作，更不是装腔作势。真正的优雅是轻松和自由的，是自然而然流露出的淡定与从容。伪装只能伪装一时，它是一个人内在文化素养与外在表象的完美结合。

女性的肉体是具体的，同时也是轻盈的，所以气质让女性厚重起来，让人们在欣赏女性时怀着一种敬畏，一种仰视。

在 20 世纪，奥黛丽·赫本纯净而美丽，在她的成名作《罗马假日》里，她饰演一个平民式的公主，从家里逃跑出来时她发现自己爱上了一个记者，但是国家的责任又使她不得不收回这段美丽而浪漫的爱情，贯穿全片三分之二的镜头都是赫本甜美的微笑、淑女的举止，即使因为对爱情感到无助而落下的那滴泪，因为它凄凉地从赫本的脸上滑落，也是一种流动的美丽。

奥黛丽·赫本气质优雅，一头黑色短发，外貌优美脱俗，体态轻盈苗条，在金发性感女郎风行的年代，一下子吸引了观众的目光。她是优雅的同义语，是天使的化身。

奥黛丽·赫本美在自然，美在高贵清纯的气质，美在纤尘不染。但她魅力永恒的秘密在于丰富的内涵：迷人的双唇，当它说出亲切友善的语言时，它成为优雅的代言人；可爱的眼睛，当它闪动着纯真和友好时，它的魅力无法抵挡；优美的姿态，来源于与知识同行，它是高贵的标签。

女性的美丽不在于她的穿着，她的身材，或者她的发型。女性的美丽一定可以从她的眼睛中找到，因为那是通往她的心灵深处的窗口，是"爱"居住的地方。

女性的美丽不在于外表，真正的美丽折射出一个女性的灵魂深处。亲切的给予、天真的热情让魅力永存。

一个仅仅漂亮的女性，她的美丽随着岁月而流逝；一个真正优雅的女性，她的美丽与岁月同步增长。光阴是你的敌人，还是你的朋友，取决于你怎样对待它。

## 展现自己的高贵气质

女性的高贵并非指的是出身豪门或者本身所处的地位如何显赫，这里所说的高贵是指心态上的高贵。世人尤其是男人最反感放荡轻浮、心态猥琐的女性。生活中男人可以是女性的护花使者，但女性本身要给男人提供一种信心——这种信心就是让男人放心，而且乐意为她托付一切。

气质高贵而又有女人味的女性往往会给男人生活的信心和勇气，因为她们生命里潜存着一种净化男人心灵、激励男人斗志的人格魅力。

现代女性要做到不媚俗、不盲从、不虚华，自然少不了要有这种高贵的气质。

有位中年女性发现丈夫对自己越来越不感兴趣，常常寻找一些借口出去应酬。回到家里还有意无意地大谈他公司的女助手如何如何……

这位女性痛恨自己青春已逝，于是，她决定到美容院去作一次美容手术，让金钱帮助自己恢复逝去的魅力。著名美容专家凭借高超的技艺，的确为她恢复了昔日的光彩。她欣喜若狂，认为自己一定能够再次吸引丈夫的目光。丈夫终于回家了，她柔姿绰绰地迎了上去，本想用昔日的热吻去唤醒丈夫对往昔的回忆，然后再展示一下自己的姿容，给他一个意外惊喜。可是，她万万没有想到的是，丈夫好像没有看到她似的，一边脱外衣一边滔滔不绝地大谈他的女助手是如何的富有感染力，竟在今天的商业谈判中影响了客户的情绪，使一项本来很棘手的生意变得轻而易举。

这位女助手一定是一个很性感、很年轻、很迷人的女性，否则怎么会让自己的丈夫这般着迷。于是她决心见一见这个女人，见识一下她到底好在哪里。一次，她得知丈夫要和女助手一起去参加一个商业沙龙，她执意要跟随丈夫一起去，无可奈何的丈夫只好带她一起去。一路上她尽情地想象和描绘这位女助手的容貌和身材的曲线，以符合她认为的性感和美丽。

可是，相见之后，她却大吃一惊。那位女助手既不年轻，也不美貌，更无法和性感画上等号。但是，毋庸置疑的是：所有接近这个女助手的人都毫无例外地受到强烈地吸引和感染，甚至连嫉恨在心的这位妻子也无法抗拒她性格的魅力。这位女助手在事业上富有创造的进取、新颖独特的创意、巧于周旋的干练、自信乐观的感染力、渊博的学识、诙谐幽默的话语，使她既显得亲切温文有礼，又挥之自如潇洒得体……所有这些，透过她逝去的容颜闪烁着生命的光芒——而这，是任何一位技艺高超的美容师所无法创造的。这位妻子终于悟出了一个真谛：

"谁也无法抗拒岁月的印痕，青春和美貌的魅力不会永存，只有丰富的文化内涵和阅历所赋予女人的气质和魅力，才是无与伦比的恒久魅力，它随时间的叠加而与日俱增。青春的美貌漂亮一时，潇洒的气质美丽一世。"

高贵的气质是一个火焰一样的词汇，热烈诱人，所以天底下所有的女人纷纷作灯蛾扑火状。高贵其实是一种难以企及的境界。每个女人都在梳妆台上堆满了形状各异的瓶瓶罐罐，服用各种据说有神奇力量的保健药品，她们做出如此的努力，但可能得到的其实仅仅是达到漂亮的境界。漂亮与高贵当然有天壤之别，漂亮固然怡人，高贵却是令人怦然心动；漂亮是外在的景观，高贵却要靠一股无形之精气由内而外熏染出来。所以高贵需要长年累月的培植。相由心生，容颜和气质最终是靠内心滋养的。俗话说，30 岁前的相貌是天生的，30 岁后的相貌靠后天培养。你所经历的一切，将一点点地写在你的脸上，每天高贵一点点，你为自己做的便是不断的滋润，而不是消耗和透支。青春已逝，但高贵可以永存。

所以，高贵的气质才是一个女人的魅力所在。

# 成就魅力

1. 丰富自己的内涵

不断学习，掌握各种技能，提高自己的生活品位，让自己的智慧体现在言谈里、笑容中、生活内。

2. 气质高雅

有些女性看起来其貌不扬，但颇具魅力，其奥秘就在于她们具有诱人的气质和完美的女性特征。高雅的气质是女性与男性之间心灵沟通的重要因素。

3. 善良温柔

女性的柔情是男性的港湾，是男性的依赖所在。

4. 自尊稳重

女性端庄淑静的气质，本身就能吸引男性的魅力，要善于自我克制，拒绝诱惑，自尊自爱，保持女性纯洁，保证家庭稳定。

5. 积极上进

不仅要做贤妻良母，而且要有事业心、进取心，帮助丈夫在事业上出谋划策，与丈夫共进退。

6. 自信独立

自信的女性最美。现代社会，妻子如果事事都依赖丈夫，没有独立的人格，最终会被人瞧不起的。

# 穿出女性的魅力

### 1. 根据活动场合选择服饰

休闲在家，或在家做家务时，以穿着朴素的家居服或工作服为佳。

参加集会时，则要以外出服为主；参加下午的集会、酒会、音乐会等，要比上午来得正式一些，然而不宜穿表面有亮光或闪光之类的衣服；参加晚宴或晚上的音乐会、戏剧舞蹈展示会时，可穿附金线丝的衣服，这样穿着，除可增加会场华丽气氛外，还可使人置身某种意境之中。

参加义卖会或游园会时，可穿质地薄而柔和的衣服，尤其在夏季更为合适。

参加野宴或户外旅行时，宜穿质地好而轻便朴实的衣服，除非是出国旅游，即使穿毛线衣与牛仔裤（限国内秋冬季）也无妨。

短裤宜于夏季家居或户外运动、比赛，或到海滨、游泳池游泳时穿着。上班的服装，要质地考究、耐穿、剪裁得体且颜色朴素大方，并须保持衣着情况良好。

重要的是，不论你对服饰有多么重视，在选购时，都必须考虑你的经济情况，在经济容许的范围内，谨慎地选购。千万不要一时兴起，或在手头宽裕时，大量选购，花费过多的金钱，买太多的衣服。到头来，反而在如何选择外出服装时，变成了什么衣服都看不上眼。这样既浪费金钱也达不到你着装的目的。

### 2. 着装要注意颜色的搭配

衣服的颜色搭配是否适当，将影响衣服的整体效果。所以，着装时要注意衣服颜色的搭配。

（1）蓝色。蓝色包括从浅蓝到近黑色的深蓝。其中变化无穷，最重要的是深蓝色。深蓝色对女性而言，永远不会被淘汰，几乎没有人排斥深蓝色，因为深蓝象征端正、知性与冷静，看起来清爽，年轻。很多学校机关的制服都采用深蓝色，可见其被肯定程度。选择深蓝色为基本色后配上条纹的布料所做成的衣服，可形成高社会地位或厚实的形象。总之，蓝色可说是最正统的颜色。

以蓝色为主色时，与之搭配的色彩要柔和，强调色彩最有效果的是白色和灰色。至于红、橘红、黄等对立色则少用，但偶尔一用也可给人崭新的印象。

要使穿着有变化，应从布料入手。即使用亮度、色度相同的蓝，若使用不同的布料，如绸料与毛料，由于光线吸收率与反射率不同，其效果也不同。

（2）灰色。灰色是属于黑白系列之间的素色调，其变化也无穷，穿黑白色衣服最难搭配，但若肯动点儿脑筋，则没有任何颜色能比黑白搭配更吸引人了。

由于是单色调，可与任何颜色相称，小配件也容易挑选，灰色的穿着要点就在于此。黑白颜色表现个性，适用范围也大；相反地，任意套穿，则效果不佳。穿灰色要特别留心配色，因此使用太多副色效果比较差，要用三种以内的颜色来搭配才好看，如果是强烈的对比色则使用一种颜色搭配较易处理。

如果全身是黑色打扮，则会给人黯淡的印象；如全白打扮又给人轻浮的印象。只有懂得利用强调用色法，才能呈现整体效果，这是最成功的穿法。

（3）褐色。这种颜色不易搭配，但对提高形象很有帮助。褐色是泥土和枯叶的混合颜色，有温馨感，给人品格好的印象，在谈生意时对自己有利。褐色中包括如巧克力般的浓褐色，又称棕色，与其他颜色较好搭配。

淡褐偏红色，给人稳重、成熟感。褐色衣服如穿着得当，可散发出都市气息，可以说是一种时髦、漂亮、脱俗的色彩。

褐色的最佳搭配色是绿色，尤其是橄榄绿和黄绿更佳。而红色、橘红色、黄色等强烈对比的颜色要尽量少用。

蓝色是褐色的补色，也易与褐色调和。初穿褐色衣服时，不要选深褐色，应先用柔和的中间色，再逐渐扩大范围，就万无一失了。

3. 根据体型选择服饰

好衣服还需要好身材和与之相称的工作环境。影响女性身材的因素，一方面是后天发育，但主要的还是来自家族的遗传，所以有些女性天生身姿绰约，清秀俊逸，而有些则体态浑圆。人的体形可分为 A、H、O、X 四大类型，女性要想知道穿什么样的衣服才好看，首先要明白自己的体形属何种类型。

（1）A 型身材的特征是：脸型多是鹅蛋圆、心形或梨形，臀部和大腿较肥大。腰部线条明显但却较短。

（2）H 型身材的脸型多属于方形、长方形、圆形或椭圆形，腰部生得高而不太明显，四肢看上去略为纤细。这种身材是许多女性梦寐以求的，因为这是国际时装模特的标准身型。

（3）O 型身材的特征是：身材较浑圆，腿部线条非常壮大。面部多属圆或梨形，下颚和面颊较圆润，颈部较短，没有明显的腰肢，臀部扁平，手臂结实。

（4）X 型身材具有以下特征：面部呈鹅蛋形、长方形、心形或椭圆形，下巴线条优美；颈部则纤细、多肉、柔软，肩部较圆润；胸部非常丰满且富有曲线，腰部明显且纤细；臀部圆润多肉，走起路来十分婀娜多姿，大腿圆润细长且匀称。此身材最宜展现女性独有的温柔和妩媚的魅力，堪称得天独厚、完美无瑕的身材。

　　四种体形各具特色，只有明确了自己属哪种类型，然后再根据体型来选择与自己相适宜的服饰，才能使女人的独特魅力发挥出来。

　　A 型身材的女性穿衣服，不要穿质地柔软贴身的长裙或直身裙，这类衣服会暴露较大的臀部。

　　多穿有垫肩的上衣，这样可平衡较大的下肢。长裙的装束可令你看起来身材均匀，近乎纤瘦。

　　束腰的长裙和皮带可强调你的腰部。不适宜穿贴身的毛衣，因为它会突出肥大的臀部；如果穿时应佩戴饰物，以分散注意力。

　　拥有 H 身材的人，最适宜穿流线感重、稳重端庄的服装式样。一些肩膀设计夸张，能表现臀部和大腿，而又明显分出腰部的款式，最能突出这种身材的优点。

　　由于 H 型人的腰部不太明显，因此，穿衣时应尽量突出腰部，给人一种腰部纤细的假象，可采用弹性腰带来束腰以加强腰部线条。

　　连身长裙，则能尽显你优美修长的身段；长而束高腰的衣物（服），不但突出腰部，还能显现你那令人羡慕的修长的美腿。

　　高领的 T 恤衫可掩饰你较短的颈部。

　　呈菱角、方形或棱条的衣物，同样能够显现 H 型身材的优点。此外，鉴于 H 型的人腰部较高，颈较短，加上背部至脊骨的这段距离肌肉组织较丰富，因此容易给人一种肚皮凸出的感觉；所以你走路时，切记尽量抬高头部，做出挺胸收腹的姿势。

　　O 型身材的女性体形较浑圆且身材较矮，所以一旦穿连身的长衣服会给人一种"吹胀了气球"的感觉，所以穿衣服时要特别留意。

　　直身裤和松身衣的装束，能突出腿部优美的曲线，给人一种修长的感觉。

　　忌穿贴身的衣料，这会令丰厚的背部表露出来，背心式的宽外套和蝙蝠袖的衣服会加宽和加重背部负荷。

多穿有流苏装饰的衣物，能令视觉呈垂直感，此外净色（单一色调）的衣物，令人有整体感。

总之，O型身材的人应穿强调令肩部和臀部不会有紧绷感的衣服式样，这样可使你看来身材窈窕修长。

X型身材的女性可以说是具有完美的身材，但也要穿着适宜，才能更好地展现自己的玲珑身段。X型身材的女性应尽量强调腰部的线条，多使用腰带，这样可以加强腰部效果。

少穿深色和式样累赘的上衣，以减轻别人对你胸围的负担感。

质料柔软贴身的连衣裙、两件式针织裙能强调浑圆的臀部，而且有助于展现你均匀的上、下身段。

露背的衣服可展现出你优美且具弧度的背部线条。

总之，优美的X型身材，加上合适的服饰，定会使人为你的魅力而倾倒。

穿着不得体，很难留给别人好的印象。尤其是要想成功的女性，更应该重视服饰的搭配与穿着，使自己焕发出迷人的光彩。

4. 根据服装佩戴首饰

一般来说，首饰可分为休闲和晚妆类。休闲类的首饰可以用木质的、骨质的、塑料的、贝壳的、陶瓷的以及凡能起装饰作用的一切东西。但是晚妆类首饰要用亮亮的、金属的、金的、银的、钻石的等富有光泽的东西，这样可以把你衬托得更漂亮。

从总体上讲，身着式样简单、质感佳的服装才适合戴首饰。如果所选首饰与服装在色调上款式上能相互配合，则会更加突出你的优美之处。

身着深色衣服，最好的搭配饰物是玉饰，因为这样的搭配最能表现玉石莹润的光泽。

黑色服装，则应配以亮丽的首饰，否则过分素淡，无光彩可言。与黑色衣物搭配的最佳配件是闪亮的宝石银器，亮丽中自有一股冷艳的味道，此种搭配非常适合清雅高贵、不着俗艳的女性。

若是白色的晚装，那么最好不要戴钻石镶在黄金上的饰物。相反，若是钻石镶在白银上，则不宜着金色晚装。

穿旗袍就不需要戴项链，因为旗袍领的线条太多，再戴上项链就会显得繁杂，倒不如在前胸领交接处别上一枚精致的胸针。

最适合与白纱搭配的首饰是珍珠及钻石。红宝石或其他颜色的首饰，反而会破坏着装者纯洁高贵的形象，但珍珠最好以碎钻衬托，以免被头上的亮片抢去光彩。

秋冬季节，多着厚重的衣服，这个时节可以选择大型而繁杂的首饰，粗大珠子与闪亮的宝石组成的厚重的项链；各种形状的金属、非金属片组成的面积较大的项链；还有一长串做工精细的耳环，都是可选的秋冬季饰物。

# 漂亮在于内在美

真正的骏马不在鞍子好，真正的漂亮不在于装饰好。没有自信的女性，总是会盲目地追求外在修饰，想用名牌服饰和华丽的妆容为自己增值。而相反，放弃这些，转而追求内在美的女性，严于律己、宽以待人，会让自己随着年龄增长而愈加自信和美丽。

1. 语言——把话说得动听

我们通过语言交流了解对方的性格和内心感受，所以说话时能真切地表达出自己的想法和感受，是体现自我魅力的好方法。我有一位朋友很有个性，她考虑事情直到不吐不快为止，而只要一想通就立即行动。她说话真实而没有一丝矫情，让人很难想象出她一个人闷头苦想的样子。

要使语言更有味道、更富感染力，女性朋友不妨在平时做个有心人，从措辞和音调这两个细节入手。丰富生动的词汇会让人的思想受到很强的冲击，而富有感情的音调容易使人感动而难以忘怀。

2. 感情——把丰富的感情表达出来

有魅力的女性一定不是感情贫乏的人。而将自己的感情有效地表达出来，会使你产生更大的魅力。了解自己的感情可以从体会它的变化入手，比如失恋时情绪起伏较大，正是体会感情变化的好机会。而日常生活中细微的情感变化也不容忽视，如无论工作多忙，也要抽空与朋友吃吃饭，聊聊天，这样能感到快乐。

我们越了解感情，就应该越有效地控制它，学着恰如其分地表达它。

3. 变化——随世界的变化而变化

因为世界在变化，每个人也在变化。所以有些女性认为自己的魅力不应该只有一种，每个人都可以开掘出更多的潜在魅力。如何发掘自己的潜质，让自己每一刻都不同以往呢？敏锐感知时代潮流，有所选择地塑造自己的魅力不失为一条捷径。时代潮流其实是一种时代所承认的魅力。比如红色口红一旦流行，连平时对它视而不见的人也会试着去接触。有些人可能以为追随潮流是一件淹没个人魅力的事，其实那样想太片面。对于流行的服饰、妆容和音乐，应当接触之后再下判断，否则可能会失去很多转换自己魅力的机会。所以应该对新鲜事物保持开放的心态，让它们给自己带来新的变化。只要你不是游离在社会之外，总会有魅力的火花迸发。

4. 品格——做一个有原则的人

我们在为人处世时，内心需要有一个原则，需要另一个自我来约束自己，让它适时地提醒你"这样做不对"或"那样做不太合适"。这种潜在的自我约束、自我教育，会使自己内心有一个"标准"，使自己不管在周围无人还是有很多东西来诱惑你的情况下，都能保持一个独立自我。这个自我当然不是随意而过于大众化的。比如，一位女士曾经认为自己喜欢的品牌是路易威登和 PRADA，真的如此吗？实际是因为所有人都认为路易威登和 PRADA 很好，而随波逐流罢了。一旦断定自己很喜欢某一种事物时，就意味着要以它为基准。

5. 松弛——放松的女性最美丽

如何看清自己的魅力呢？轻松自然状态下的你是最美的。比如去拍照时，如果摆出很酷或者很温馨的姿势，摄影师一定会对你说："放松！放松！"要不他会想办法与你交流，让你放松，因为他们觉得人在自然放松下的神态是最美的。我的一位摄影师朋友曾回忆起一次古巴之旅："那里的女人真的很美。为什么？我发现她们都那么有个性，不会墨守成规，更不会盲目追随潮流，只是努力去展现自己的魅力。我想这就足够了。"所以比起摆出的姿势，也许你与朋友闲聊时的表情要可爱得多。而你在休闲时也可以尝试着自拍照片：当房间只剩下自己和相机时，很多轻松表情就会自然流露。

## 微笑是天下最美的表情

若问天底下谁的微笑最美，不必费心猜测，答案当然是女性的微笑。

女性的微笑最美、最有吸引力。当男人与女人吵架时，只要女人开始微笑，立刻就能化解敌对的气氛，让两个人的关系变得和谐而甜蜜。

当有人心情不好时，只要出现了女性的微笑，立刻就能让乌云变成彩虹，连空气都有了幸福的味道。

当有困难无法解决时，只要有女性的微笑，立刻就能让一切问题迎刃而解，再痛苦的事都会变成快乐。

微笑是快乐的最直接表现，微笑可以拉近人与人之间的距离。在一些不熟悉的场合，当别人友好地看着你时，你微微一笑，那么人与人之间的关系就不会显得紧张，反而会变得自然。这种属于淑女型的微笑，最易使人产生好感。一项调查询问数百位男士："你最喜欢的女人脸部表情是什么？"答案大部分都是微笑。

津巴布韦的乔伊夫人在巴克莱银行负责公共关系，她的办公桌就放置在银行大门口内进口处的右边。她总是面带微笑，不厌其烦地解答顾客遇到的各种问题。在她的办公桌上，有一篇用镜框镶起来的题为《一个微笑》的箴言："一个微笑不费分文但给予甚多，它使获得者富有，但并不使给予者贫穷。一个微笑只是瞬间，但有时对它的记忆却是永恒。一个微笑为家庭带来愉悦，为同事带来友情。它也能为友谊传递信息，为疲乏者带来休憩，为沮丧者带来振奋，为悲哀者带来阳光，它是大自然中消除烦恼的灵丹妙药。然而，它却买不到，借不了，偷不去。因为在被拥有之前，它对任何人都毫无价值可言。有人已疲惫得再也无法给你一个微笑，那就请你将微笑赠予他们吧，因为没有一个人比无法给予别人微笑的人更需要一个微笑了。"

确实，微笑在人们的生活中有着不可低估的力量，它可能创造人际关系的奇迹，同时也改变着你自己。

如果你要改变自己，重塑迷人的魅力，就应该从两方面着手：一是心态；二是行为。

心态，就是你对待事物的心理态度，这因人而异，有的乐观向上，有的消极悲观，你的改变就是要保持乐观向上的心态，抛弃消极悲观的心态。

你如何才能学会微笑呢？下面的经验你不妨试试：

（1）让带来轻松愉快的事情围绕着你。

（2）在办公室里摆放难忘假日的照片，或者你最喜欢的宠物的照片。这些照片可以使你从日常工作中得到片刻的休闲。

（3）消除或减少负面消息对你的影响。了解世界各地的新闻是很重要的，这样可以使你的注意力从负面消息上转移。

（4）每天在你的周围寻找幽默和欢乐。如果你遇到交通阻塞，你可以假装自己正处于电视情景剧中。使用可笑的虚构形象，看他们在你的节目里如何表演。这个练习可以让欢乐取代压力。

（5）学会对自己笑。人与人之间最难的是一个可分享的微笑——即使你是一个人微笑。一旦你学会这一点，人们将喜欢你，并与你打成一片，生活将变得更轻松。

另外，你可以通过训练来使你能够更好地掌握微笑的技巧。

每天早上起来，在化妆的时候，便可以对着镜子练习微笑，开始可能会觉得不太自然，但是一旦你能以真正乐观的心态，加上肌肉与神经的配合，一切都会显得那么天衣无缝。

同时，你可以在纸上写下一些令你快乐的事情。

比如：

今天我的上司表扬了我。

昨天我生日，朋友送了我一条很漂亮的项链。

这段时间，我减肥又有了一定成效。

今天丈夫很温柔地吻了我。

想着这些事情，你自然而然会发出会心的微笑，而这种自然的笑容更能展现你的魅力，令人倾心。

一旦你学会了微笑，并形成习惯，那么无论在什么时候你都能取得好的效果。当你心情好的时候，可以大方自然地微笑；而当你心情不好的时候，更应该保持微笑，一方面是因为微笑可以为自己赢得更多的关注与掌声，你才能以最快的速度恢复心情，另一方面也是希望自己不会因此成为污染别人情绪的凶手。

# 做一个优雅别致的格调女性

优雅的风度像有形而又无形的精灵，紧紧攫住人们的感官，悄悄潜入人们的心灵，从而使人留下难以磨灭的印象。具有某种魅力的女性不一定具有风度的魅力，风度是一个人的文化教养、审美观念和精神世界凝成的晶体，所以它折射的光辉也最富于理性，最富于感染性。一个女性可以有华服装扮的魅力，可以有姿容美丽的魅力，也可以有仪态万方的魅力，但却不一定有优雅的风度。但是，一位具有优雅风度的女性，必然富于迷人的持久的魅力。

聪明的女性不是不要镜子，而是能够从镜子里走出来，不为世俗偏见所束缚，不盲目描摹他人的所谓风度之美。

风度神韵之美靠的是"充内"——朴质的心灵、"形外"——真挚的表现。前者形诸风度之美，使人举止大方；后者形诸风度之美，使人坦诚率直，不事造作。"朴质"是一种自我认识、自我评价的客观态度。朴质的女性，总是善于恰如其分地选择表达自身风情韵致的外化形态，使人产生可信的感受；她们就是她们自己，她们不试图借助他人的影子来炫耀自己、美化自己。所以，她们的风度之美，往往具有一种朴质之美。

"真挚"是一种诚实、真实、踏实的生活态度。她们对人对事不虚伪，不狡诈，又肯于给人以诚信。真挚的女性，对自己的风度之美既不掩饰也不虚饰，对他人美的风度既不嫉妒也不贬斥，而是泰然处之，使人感受到一种真正的潇洒之美。

女性的风度之美，正是借助这种媒介，生发了感染他人、美化环境的神力。

因此，你要保持和发展自己的风度之美，就得纯化你的语言和洁化你的举止，否则，也会使风度之美从你身边悄悄溜走。

# 坐姿的艺术

坐姿是一种艺术。坐姿不好，直接影响到一个人的形象。而对于女性来说，这一点尤为重要。因为它决定着你是一位高贵优雅的"女神"，还是一个缺乏教养的女人。

有品位的女性都知道，坐姿其实是一种艺术。一般而言，优美的坐姿从走近椅子那一刻的动作就已经开始了。正确的动作是，不管急缓，都是轻松地走近椅子，左脚放在椅前中央向后半转身，屈膝慢慢坐在椅子上，两脚合起来往右边挪一挪，左脚置右脚后面，就是最优美的坐姿了。千万不要扑通一声就坐下，这样，除了显得体态笨拙以外，如果坐得不稳，还会坐到地上，显得很无礼。

另外，不管椅子有靠背无靠背有扶手没扶手，坐姿都要适当调整。要坐得自然，双腿的膝部不能分开，双手轻松地垂直放下，在大腿上自然悠闲地放着，切忌低头玩弄手指、驼背。

坐姿要求端正、舒适、自然、大方，身体重心应平稳地落在椅子上，坐下后不要东张西望，左顾右盼。坐的时间较长时，身体可以略微倾斜，但头一定要向着他人，双腿交叉，显得优雅舒适。坐在椅子或沙发上，不要坐满，只坐一半，才能保持自然端庄的坐姿。坐的时间长，可以把头靠在椅背上，但不要双脚伸直成半躺半坐状，也不应把头仰到椅背后面，这有失文雅。

坐着时，还有几个动作是千万不能出现的，如双手在身上东摸西摸、双脚不停抖动、跷二郎腿、双脚钩着椅子腿或双腿伸开成"大"字形，等等，都是失礼而不雅观的坐姿。

# 打造标准的站姿

也许，你认为弯腰驼背、左摇右晃的站姿会更令你舒适；也许，你觉得疲苦困倦、劳累烦乏的时候，就应该倚在柱子或者墙壁上。

但是，很抱歉。

作为一名有品位的女性，你必须对它们说不。

站立的姿势对整个人的仪态有重大影响。对于职业女性而言，由于经常要穿着高跟鞋工作交际应酬，对正确的站立姿势就更应注意。

怎样才是正确的站立姿势呢？美姿动作的练习里，四分之三站姿的学习是非常重要的，许多其他的动作都经由这个标准的四分之三站姿而完成。其实我们本来就很熟悉这样的姿态，只是若要取得一个较为标准的姿势，可以经由下列练习方法而得到。

面对镜子站立，两脚平伸与肩同宽。其中的右脚（左或右均可）往后走一步，脚尖朝身体的外侧与肩膀成平行线，前面的左脚收回与右脚成垂直线，左脚跟在右脚跟前一点点的位置，也就是从右脚尖到脚跟三分之二的位置。身体的重量交给右脚，或者说后面的脚承担，左脚较轻，两腿的膝盖都不可紧锁，保持弹性。反之换左脚的姿势亦同。

另外，你可以用以下的方法测验一下：把身体贴墙，脑后、肩、腰、臀部、脚跟等部位尽量贴近墙，使身体成为直线。站立时必须注意头要正直，下颌微收，双眼前望，肩要平。切忌弯腰腆肚或耸乳突臀，否则你就会显得非常滑稽，又怎会有仪态可言？

倘若你想自己的身段看来窈窕些，站立时可把身体稍为偏侧，前脚脚尖向前，后脚与前脚成 45 度角，挺起胸脯及挺直腰部，双手自然地垂下，腹和臀部都要尽量向内收缩，这样的站立姿势既美观又能使你看起来精神饱满。

当你已站立了一长段时间，开始感到疲倦，但却没有机会坐下休息时，有什么办法可以减轻疲劳感？这时你千万不要表现得没精打采，把身体随便靠向墙或其他可以倚靠的地方，因为这会使你的仪态大打折扣。你应将肩稍稍向后，这样会使你看来挺直及精神些，双脚可间歇交替变换站立姿势，在感觉上就会好些了。

站姿的功法主要在脚板及小腿上，所以，除了金鸡独立外，还可以进一步强化训练：脱了鞋子，取个端正自然、自我感觉良好的姿势，然后，提起一只鞋，将体重完全放在另一只脚上，脚跟弯曲。脚尖向上，反复做弯曲、向上的动作，每只脚做 15 次，双脚轮换进行。这样，一个平稳、优美的立姿就会练出来。

作为女性，保持身体正直、挺胸收腹，才是好的立姿；弯腰驼背、左右摇晃，或者斜靠在柱子或墙壁上，都会给人一种懒散、轻薄的感觉，根本无美可言，故是不可取的。

# 走出风度，走出美

你是否看过《窈窕淑女》这部电影？你还记得奥黛丽·赫本演的那个角色，如何由一个出身贫贱、行为粗鲁的少女，经过学习脱胎换骨，变得气宇非凡的故事？

你可看过世界小姐选美大赛？可记得所有竞赛者都要走过长廊、走过阶梯，在评审人员面前静静地站立、转身，而后离去？

当然，我们每个人都会走路，而且一二十年来，都有了自己走路的习惯，熟悉自己的朋友，远远就能以身形动作认出我们。而所谓正确与不正确走姿的分别，也只是我们可以走得更优雅好看，我们本身已经具备了一些条件与技巧，只要稍加注意，加上时间去练习，每个人都可以得到改进。

所有纠正我们走路的要诀和技巧，都属于肢体的训练；然而我们的脑部意识也应该需要训练，以期能与肢体做最佳的配合，甚至能带领肢体。我们不妨试用三种游戏来体会走路的精神。

1. 假想我们用臀部肌肉夹住一个硬币，从腿部开始，一一复习正确站姿的动作，然后开始走路。记住并确信硬币必须始终紧夹，不可跌落

当你做这个练习时，你会感觉到臀部、腹部肌肉的紧张度，那使得你无法如往常那般随心所欲的走，而必须将自己控制得很好，你将发现你的身体无法左右扭摆，也不能上下跳动。如果多练习几次，你即可体会控制自己、抓住重心去走路的感觉，希望我们都能熟悉这种感觉，而后把它带入平常走路的动作之中。

2. 在工商业忙碌的生活步调里，我们往往因赶时间而需要快步追赶，或只因个性急躁使然，而渐渐习惯了往前冲的不雅走姿，这个游戏是专门为练习气质转化而设计的

在练习走路的时候，心理要做充分的准备，心情要完全的放轻松，而后想着此时此地没有任何的闲杂之事在困扰你，也不需赶路赶时间，你有如一只最美丽的天鹅在湖边散步，从容不迫，高贵娴雅，所有的人都在欣赏你，但是你一点也不受影响，你的内心很满足、很平静，却是一点也不骄傲。你要用你的神态让周围的人感觉你是乐意他们接近的，也喜爱接近他们；当然你首先是要喜爱自己，相信自己一切美好。

把这样丰富而美丽的想象力带进你走路的气质里，你会有新的神态出现，这种神态包括了对自己的舒适感与自信心，同时能影响你周围的

人感到对你的舒适和信任。

3. 练习走路，多半是要照镜子的，离开镜子的时候，就要用意识（而非眼睛）去感觉自己的动作是否仍然正确

你是否有过这样的印象：美姿练习需要头顶书本走路？不错，对于走路时喜欢低头看地，头部歪向一方，肩膀习惯两边晃动的人，这是一种很好的练习。你不妨也去试试，看看顶着书本走路的感觉如何？

（1）不雅的走姿。首先，我们必须了解哪些是不雅的走姿，而它们就可能存在于我们自己身上。

①脚后跟习惯拖着地走路，造成懒散不振的外貌。通常我们穿平底凉鞋时，最容易不自觉地露出这个习惯。

②脚步呈内八字，或两脚呈交叉状态往前迈步。如此，容易使身体不易平衡而走路时摇晃。

③脚尖先踏地，或整双脚掌一起踏在地上走路，容易造成身体往前冲的姿态。通常个性急躁或生活忙碌需时常赶路的人，会形成这种习惯。

④走路时上下振动，左右扭摆臀部或摇晃肩部。如果没有学会膝盖的弹性，即容易造成这种姿态，而且会使得步伐太重。

⑤两手臂离身体太远，摆动不均匀，或几乎不摆动。

⑥肩膀耸起，或左右两肩高低不平。

⑦头歪向一边，或习惯看地走路。

⑧因站姿不正确而引起的走姿不优雅，如弯腰驼背、腹部凸起、脖子伸向前等。

⑨脚后跟走路时习惯朝外倾斜或朝内倾斜，由鞋跟的磨损可以看出你是否有这种习惯。通常，这种习惯容易破坏鞋跟的形状，造成鞋子不稳而再反过来破坏走路的优雅。

⑩习惯性的走路太快。个子娇小的人，腿比较短，若习惯于脚步太

大或太快，就影响了走路的仪态。

（2）正确的走姿。正确的走姿步伐应该是轻盈平稳，身体有重心，态度娴雅从容。下面所列的项目，可以帮助我们一步步的改正所有走路的缺点。

①出门时尽量穿系带跟脚的鞋子，切忌穿脱鞋。走路时要让每一只迈出的脚离地，听一听自己有没鞋底平磨地面的"丝丝"声。

②练习走路时，脚后跟先着地而后脚尖让身体线条拉直。脚步不可太大也不要太碎小，两步的距离恰好是自己一只脚的长度，或者比脚长一点。

③倘若有内八字的习惯，可以照着镜子走外八字的方法来纠正，尽量让脚尖稍稍朝外或直直朝向前方。

④两脚走路时以两条直线往前走，不要交叉，由于脚尖可稍稍朝外，所以让脚跟几乎走在一条直线上，这个目的是让两脚之间的距离不要太远，六七厘米即可。

⑤膝盖保持弹性，让步伐平稳，有如滑行一般。

⑥两手臂靠近身体垂下，手指自然弯曲朝向身体，走路时两臂前后均匀随步伐摆动，指尖轻轻摩擦到裙据或裤边。在这里要注意三点：第一，两臂摆动时不能只摆动手肘以下的部分，还需自然的摆动上肘部分。第二，手臂摆动在意识之内，所以不可任其毫无控制地乱甩，尤其在转身的时候。第三，手臂摆动的幅度不可过大也不可过小，应该很自然的配合脚步。

⑦眼睛看前方，头抬起。在行走时尽量让动作放在臀部到脚步而且动作一致，腰部以上到肩膀尽量减少动作，保持平稳。

⑧随时反省自己站姿的基本条件，如膝盖、小腹、胸部、肩膀、头部等，如此可以帮助我们达到好的走姿。

⑨可以在行走中默哼舒缓的曲子。如此，有助于我们在走路时气定

神闲，从而形成优雅、舒美、节奏感愉悦的走姿。

# 举手投足尽露风雅

张爱玲说，生活的全部魅力都来自于它的细碎之处。

我们也可以说，女性最迷人的风雅就出自那些看似最不经意的细节姿态。

这是一些常常被女性忽略的环节，忽略到很少有女性知道它也有标准优雅的姿态。但正是在这种他人忽略的地方，如果你注意为之，那才更能突出你独特的风采与美丽的品位。

1. 女性的进门与出门

一般来说，进出门最容易表现出你是否风度优雅又有礼貌，如：通常在我们做主人时，也许我们必须离开朋友一会儿，或者当我们要进出主管办公室时，由于以背向人是极不礼貌的动作，因此，好的进出门姿态，大致是在把握住在大部分的时间均以正面向人的原则发展出来的。

若要把握这个原则，以正面向着你的朋友或主管后退几步，再转身离开这个房间。另外，用哪只手开门，也很重要。倘若门的铰链在左边，通常以左手开门；而门的铰链在右边，就以右手开门。如此在开门时，才能侧身以标准的四分之三站姿站好，面向你的朋友或主管，面带表情示意离去。反之，则极易造成以背对人的姿态。

进门时，有两种方式可以动作优雅而灵巧地将门关上。第一种以右手将门打开后，用右手握向内的门柄，人直接往前走，右手在身后将门柄交给左手，进入房间，同时侧身以四分之三站姿站好，由左手将门轻轻带上；第二种方法通常使用在手中持有物件时，此时不可能将门柄用换手的方式关门，则可比照下列方式：右手将门打开后，物件交替到右手上，用左手握住向内的门柄，身体自然转动一圈，侧身以四分之三站姿站好，然后直接由左手把门带上。另外，在关门时，要注意动作轻巧，不可用力或随便把门关上，以至造成巨大响声。进出门的动作要练习得非常熟练，才能显示出与众不同的风采；否则动作生硬而不自然，反而显得笨拙了。

2. 上下楼梯的动作

上下楼梯，头要抬高，背要伸直，肋骨要挺，臀部要收。一般情况下，应该将双脚在楼梯板上踏实，避免有站立不稳的感觉。

3. 上下汽车

香车车门前隐约的一双美腿总是会给人无限的遐想和诱惑，展现迷人的品位与魅力。但如果你先低头进车身，再双腿轮流跨进，以如同"爬"的姿势进车，而让臀部留在车外，这还谈得上美和品位吗？我想怕是连起码的礼貌都没有了吧！

上下汽车时，必须小心在意才不会有损仪态。上车时要侧着身体进入车内，绝对不要头先进去。下车时也应侧身而下，脚先伸出车门，头部随着伸出去，立即站起来。

4. 拾取掉在地上的东西的动作

拾取掉在地上的东西时，不要弯身体，只需利用膝盖的弹性便可。向前蹲下的姿势不但不雅，还会令背部紧张。

5. 品位女性优美的睡姿

要随时随地保持绘画似的美，即使在睡觉时也应有一种优美的姿态。要面部侧向一边，和胸部平行，臀部向上抬，一条腿蜷曲，另一条腿向外伸出，一只胳膊伸向远处，另一只胳膊放在它的上边，这样即可保证睡觉姿势的优美。

# 穿脱外套的修养

在现实生活中，我们不可能像模特或模仿秀那样中规中矩地表演服装的艺术，但是这并不代表我们可以肆无忌惮毫不在乎地穿或者脱掉自己的衣物。正如一位资深的美仪专家所说："我记得第一次注意到别人脱外套的姿态是在服装表演节目里。模特儿动作迅速而优雅地将外套脱下，一个转身之间便已经放在手臂弯里或搭在肩上。后来正式上了美仪课，才了解原来在公共场合穿脱外套时，如果懂得一些姿态上的技巧，不但会使我们看起来动作优雅好看，而且也是一种生活的修养。"

1. 穿脱外套时常有的不良习惯

（1）将外套甩甩的方式甩到肩上，左右手臂平伸如竹竿穿衣服似的穿上袖子。不但在人多的地方可能衣服会碰到别人，而且姿态也甚不雅观。

（2）虽然左手臂已穿上袖子，但左手臂习惯由右肩上方伸去就另一只袖口，如此头会斜，身会歪，不但造成极大的不便，也相当不雅。

（3）脱下外套的时候，甚不仔细，甚不整齐，而使袖子由内翻出，其动作也不优雅。

2. 一些正确、简单而又优雅的动作，一旦成为习惯以后，这些好的姿态可以在无形间增加我们的风度，与人相处时，也会带给别人舒适的感觉

（1）欲穿外套时，手持外套肩部，袖口朝内，例如习惯先穿右袖，则右手持外套左肩，协助左手先只穿入袖子，使肩部拉平。

（2）左手握住衣领上方将外套往身体后微微垂下，右手从躯体的右腰部位往后伸去就另一只袖子。

（3）很灵活地将外套穿好拉平。

（4）脱外套时，先用双手握住衣领的部位，使衣服外套往身后垂下，而衣领与肩部的部位完全离开肩膀。

（5）两手臂在身后相叠，其中一手握另一手的袖子，让那只手的袖子先脱下。

（6）将两衣袖一起拿回身前，已脱出袖子的手帮助另一只手，将两只衣袖一起握住脱离手臂。

（7）保持握住外套的两只袖子，用另一只手握衣领，而将外套整齐放在手臂里或叠好。

# 无穷魅力从头发开始

一头乌黑亮泽的秀发会为你增添无限的女性魅力，但是想要拥有这样的头发你就要注意维护和保养。

秀发需要科学地养护，才能轻盈飘逸，尽显你的女性风姿。一头健康、光泽的秀发可以展示你新鲜的活力，并给你带来一整天的好心情。

1. 洗发的顺序

（1）先用大梳子把头发梳顺，水温比人体稍热便行，水量能将头发全体浸湿为最佳。

（2）洗发剂要用两次，第一次由于洗污垢，泡沫不多，第二次泡沫很多。

（3）第一次要用水冲掉，第二次趁泡沫多，用手指轻轻按摩整个头皮，再用清水把泡沫冲掉。

（4）准备充分的清水把头发彻底冲干净，品质再好的洗发剂，若冲不净留在头上，对头发也会造成伤害。

2. 擦干头发

洗发后，先用干毛巾像按摩头那样拭干水分，不可用揉搓的方式硬将水分挤掉，这样头发虽然干得快，却容易弄得乱糟糟的，很难整理，尤其是长头发的人，应该用毛巾把头发一束一束地拭干。

然后再用吹风机吹干。不要用吹风机对着头发吹，应把头发撩起来，让风吹进发根，此时可用手指帮忙，使空气流通，吹风机的热风易蒸发水分及油分。为避免伤到头发，使用时一定要使吹风机和头部保持10厘米的距离。

3. 养发剂的使用

使用养发剂有两种方法，即洗发前与洗发后，视你个人喜欢而选择。

洗发前使用者，在洗发前先把头发弄湿，把养发剂遍抹于头皮上，再用一条热毛巾裹起来，使养发剂易于溶化，溶化后的养发剂可将污垢粘住，一起洗掉，并可保护受伤的头发。如果洗发后使用养发剂，必须把头发弄干后，根据提示的使用方法，可使头发上形成一层薄膜，防止外来细菌的伤害。

使用养发剂，原则上是一周一次为佳，如果头发受到较严重的伤害，也可改为三天一次。此外，烫发之前一定要使用养发剂，用以保护头皮及头发，抵抗过热的温度。

4. 烫发要慎重

好多年轻的女孩子喜欢把头发弄得很卷，很新潮的样子，但这很容易把头发弄得干枯失去光泽。再好的烫发水对于头发都会有一定的损害。有些年纪较大的人，为了使比较稀薄的头发显得多一些，就经常去烫发，这样下去，头发只会变得更糟。摸上去，好像干草一样乱蓬蓬的。烫发之前，你可以先做一个试验：拿根头发，拉一拉，看有没有弹性。要是一拉就断了，说明你头发已经很不好了，千万不能再去烫发了，这样的头发一定要好好保养，最好不要使用吹风机来吹头发，而让头发自然风干。

5. 头发色系与搭配

正如大家所知，染发已被视为一种时尚，如何使得发色与肤色、发型、妆容及服饰搭配得当，其中学问也不少，以下的一些小建议可供各位女性借鉴：

（1）与黑色头发搭配。

肤色：适宜任何肤色；

发型：自然妆容，浅冷色系，或端庄的正红色系；

服饰：沉稳的深灰色系、典雅的蓝色系列和酒红色等。

（2）与深棕色头发搭配。

肤色：适宜任何肤色，肤色白皙者尤佳；

发型：淑女式的直发或微卷的长发、大方的齐耳短发；

妆容：自然妆容，冷暖色系皆宜，尤其适宜雅致的灰色系；

服饰：经典的黑色与白色、优雅的紫色、大方的藏青色和米色系等。

（3）与浅棕色头发的搭配。

肤色：白皙或麦芽肤色、古铜肤色者均可；

发型：清爽有动感的短发、亮丽的大波浪长卷发；

妆容：冷暖色系皆宜，建议尝试清爽明快的水果色系的妆容；

服饰：清新的浅黄、浅蓝、浅绿色，亮丽的银色与橙色。

（4）与铜金色头发的搭配。

肤色：白皙或麦芽肤色，也很适宜肤色微黑的女士；

发型：时尚造型的短发、有层次的齐肩直发；

妆容：冷暖色系皆宜，建议尝试透明妆或水果色系；

服饰：纯度高的黑与白、红与黑、明丽的金色与橙色、天蓝色。

（5）与红色头发搭配。

肤色：自然肤色或白皙皮肤，非常适合肤色偏黄的女士；

发型：有活力的短发、中长直发或卷发均可；

妆容：暖色调的妆容，金色系、红色系、棕色系等较浓郁的色彩；

服饰：黑、白、灰色，热情的火红色，浓郁的深咖啡色与红棕色。

但是，应该注意染发不宜过勤。很多女孩子以染发为时尚，她们的头发随着街上的流行如旗帜般地变幻色彩，红、黄、橙五彩纷呈，甚是美丽。殊不知，这美丽背后包含了极大的隐患，染发过频，极易损伤头发，染发水中的化学药品也会令人体受损。

6. 头发宜常梳理、按摩

梳理头发是一种很好的按摩头皮的方法，能使气血疏通，头发光润。因此，应在每天晨醒、午休、晚睡前以十指缓慢柔和地自额上发际开始，由前至后地梳理发际，边梳理边揉擦头皮；或用头刷刷头发，每次按摩10分钟左右。但梳头用力要均匀，勿硬刷，梳子勿太尖、太硬或太密，不然会使头发因过分牵拉而致断裂或早脱。

7. 增加头发营养

防止早生白发，可食粗粮、豆类、绿色蔬菜和瓜果等含维生素 B 较多的食物，还有番茄、马铃薯、菠菜等含铜、铁、钴元素高的蔬菜；防止头发变黄可食含碘、钙、蛋白质丰富的海带、紫菜、鱼、鲜奶、鸡蛋、花生等，这些都是促进头发健美的天然保健食物。要保持头发健康有光泽，应该避免进食太多含高脂肪或太甜的食物，要多吃新鲜水果、蔬菜和含高蛋白质的食物，因为一切养分来自发根。每日最少应该饮清水六杯，这会使头发更健康。酗酒、吸烟、暴饮暴食、偏食厚味都不利于头发生长，也不可滥服某些药物。例如维生素 A 不可服用太多，因为它能干扰身体的新陈代谢机能，使头发稀疏。

8. 日常护理

（1）平时戴帽子或围头巾，都不要过紧，紧箍头发。这样不仅破坏发型，也妨碍头发健康地生长。

（2）睡觉时，要去掉发夹，长发要放松，使头发恢复自然状态。

（3）头发避免过分干燥，冬天不要让头发长时间挨冻，这会引起血管痉挛，破坏正常的血循环，破坏头皮的营养。夏天要避免紫外线的照射，在烈日的照射下可能会切断头发内的蛋白质的供应，头发会变得粗糙而无光泽。

（4）不要在头发上擦香水。因为香水中含有大量的酒精，挥发性很强，在干的头皮上直接擦香水，香水会吸去头发上的水分，使头发变得很干燥。

（5）游泳池游泳时水的消毒成分或海水，都会对头发造成很大的损害。打一把伞，戴一顶帽子，游泳时尽量戴游泳帽，都可阻挡烈日的照晒。游泳后，可用护发素护理头发。

（6）保证充实的睡眠，保持心境开朗，使身体有正常的新陈代谢，可令头发充满生气。

（7）经常修剪头发，使发型有层次感，显得丰满，能令头发更健康。

9. 发型与脸形的搭配

发型的选择要与脸形相配，方能衬托出女性的秀美。根据自己的脸形来选择适宜的发型，可以充分表现自己的气质与风度。

（1）方脸形。方脸形想留长发的人，可将头发烫成自然的大波浪状，人的视觉印象就由于线条的圆润而减弱对脸部方正直线条的视觉。不宜留齐整的刘海，也不宜全部暴露额部，可以用不规则的刘海部分遮盖住发际线。短发型应注意避免留齐至腮帮的直短发，不对称的发缝、翻翘的刘海都可以增加发型的动感。

（2）圆脸形。圆脸型避免面颊两侧的发式隆起，因为这会使颧骨显得更宽。适合梳理垂直向下的发型，顶发适当丰隆，可使脸形显长。大卷的发型和太短的头发都不适合。不规则的刘海可帮助脸形产生一点儿线条感。盘发比较适合圆脸形。

（3）长脸形。发型设计应侧重用优雅可爱的发式来缓解由长脸而形成的严肃感。这种脸形的人，首先应避免把脸全部露出来，最好留刘海。尽量使两侧的头发有蓬松感，这样可以掩饰长脸的缺陷。翻翘式、香菇头都比较适合长脸形的人。如果喜欢长发，可以将头发削成细细的层次，使头发具有动感。对长脸形来说，把头发做成自然型的柔曲状比较理想，可以增加优雅的品位。

（4）鹅蛋形脸形。搭配任何发型都很和谐，但缺乏个性。所以，可以利用发型来突出脸部轮廓最迷人的地方。如果是感觉较温顺的鹅蛋脸形者，两边的头发应剪成不同长短，发梢微卷的发型，这样你就会给人留下较深的印象。脸较大，额宽的鹅蛋脸形者，可取前面前"刘海"遮住额头部分的发型。这种脸形一般采取中分线，产生左右平衡的效果，以衬托这种脸形本来的美丽。

（5）心形脸与梨形脸。属于心形脸的女人，最好不要把前面的头发梳上去，应留些头发在前额上，这样感觉更好。短发对于少女尤其合适，能将纯情、甜美、活泼、可爱等直率地表现出来，发梢处可略略粗乱一些，增加丰满与动感。两耳以下可增加一些更显尖细。梳理长发型时，避免梳平坦的直发，尤其是发量少的人，可将头发烫成波浪形，或梳成发辫，造成多变的感觉。

# 第四章 职场中盛开的玫瑰

## 正确评估自身能力

根据职业方向选择一个对自己有利的职业和得以实现自我价值的组织，是每个人的良好愿望，也是实现自我的基础，但这一步的迈出要相当慎重。

初涉职场，它的意义非比寻常，它不仅仅是一份单纯的工作，更重要的是它会初步使你了解职业，认识社会。从一定意义上讲，它是你的职业启蒙老师。

就像是姑娘总要出嫁一样，既然我们总要涉足职场，那么，作为心细如发的女性一定要全面、客观、深刻地对自己来个正确评估，决不回避缺点和不足。"当局者迷，旁观者清"，可让同学、朋友、师长、专业咨询机构等来详加"审核"，力争对自我真正全面认识。

1. 你的优势

（1）你学习了什么。在校期间，你学到了哪些专业知识。社会实践活动提高和升华了哪方面技能都要了然于胸。努力学好专业课程是职业设计的重要前提。要注意学习、善于学习，同时要善于归纳、总结，把单纯的知识真正内化为自己的智慧，为自己即将涉足的职场做好准备。

（2）你曾经做过什么。总结自己在校期间担当的学生职务，社会实践活动取得的成就及工作经验的积累等，像填履历那样归纳出来。要提高自己经历的丰富性和突出性，你应选择针对性的职业，这样一旦应聘成功，便于直奔"主题"，少走弯路，在最短的时间内，做出成绩来。

（3）最成功的是什么？回想一下，你做过的事情中最成功的是什么？如何成功的？通过分析，可以发现自己的长处，譬如组织能力、智慧超群等，以此作为个人深层次挖掘的动力和魅力闪光点，形成职业设计的有力支撑点。

2. **你的弱势**

（1）性格的弱点。人无法避免与生俱来的弱点，因为它是天性使然，这就意味着，你在某些方面存在着先天不足，是你力所不能及的。这时需要你安下心来，跟别人好好聊聊，看看别人眼中的你是什么样子，与你的预想是否一致，找出其中的偏差并加以弥补，这将有助于自我提高。

（2）经验或经历中所欠缺的方面。欠缺并不可怕，怕的是自己还没有认识到或认识到了而一味地回避，和关公一样只提"过五关，斩六将"，而对"走麦城"只字不提。正确的态度是，认真对待，勇于承认，努力克服和提高。

通过以上自我分析与认识，解决了"什么工作适合我"的问题。职业方向直接决定着一个人的职业发展，因而需倍加慎重。可按照职业设计的"择己所爱、择己所长、择世所需、择己所利"四项基本原则，结合自身实际确定职业方向和目标。

根据自身特点选择对自己有利的职业和得以实现自我价值的组织，是每个人的良好愿望，也是实现自我的基础，但这一步的迈出要相当慎重。如果一时找不到理想的工作，可以考虑先就业再择业。但不论工作是否理想，就人生第一个职业而言，它不仅仅是一份单纯的工作，更重要的是它会初步使你了解职业、认识社会，从一定意义上讲，它是你的职业启蒙老师。如你欲从事工程师工作并想有所作为，你可以设定自我发展计划；选择一个什么样的组织，预测自我在组织内的职务提升步骤，个人如何从低到高拾阶而上：从技术员做起，在此基础上努力熟悉业务领域、提高能力，最终达到工程师的理想目标；预测工作范围的变化情况，不同工作对自己的要求及应对措施；预测可能出现的竞争，如何相处与应对，分析自我提高的可靠途径；如果发展过程中出现偏差，如果工作不适应或被解聘，如何改变职业方向。

女怕嫁错郎，更怕选错行。作为初步职场的你，一定要慎重地迈好这至关重要的一步！

## 善于挖掘自身优势

目前有的女性在就业选择时，因遭遇障碍而终日忧心忡忡。"天生我才必有用"，生活在社会上的每一个人都有自己的强项，作为女性也同样，只要善于挖掘自身优势，就能找到属于自己的那片天空。

首先，作为女性，她们心细如针，且做事有条理和耐心。这种特有的个性，就是女性就业的优势。

其次，女性有一双非常灵巧的手。钩手套、编毛衣、雕刻等手工活便是女性的强项。如今，有的女性已开始注重开发自己一双手的功能，毅然在家中办起了"手工小作坊"。一些还在寻寻觅觅的就业女性，不妨在这方面打开思路，千万不要以为手工活是"小气之作"。

第三，女性的心很柔，这种柔情，使女性能在精神抚慰方面发挥特有才干，获得意想不到的良好效果。现如今社会上出现了一种三百六十行以外的职业——"精神保姆"业，便是最能发挥女性柔情性格的新行当。比如，陪老人读报、谈心，为瘫痪在床的病人、失意的人送上精神和心灵疏导，代他人送去一份歉意等情感专递工作等。如果我们一些就业女性，能充分意识到这点，再用心学些心理学方面的知识，积极投入这种目前还没有多少人涉足的"精神保姆"业，相信必有一番大作为。

女性的就业优势还有多种，身为女性要善于挖掘这些自身优势。望广大女性朋友根据自身实际情况，从优择业，在真正适合自己的岗位上尽情施展自身才能。

# 职业女性的类型

1. 现实型

此类型女性不重视社交，而重视物质的、实际的利益。她们遵守规则，喜欢安定，感情不丰富，缺乏洞察力。在职业选择上，她们希望从事有明确要求，需要一定的技能技巧，能按一定程序进行操作的工作，如机械、电工技术等。

2. 研究型

此类型女性具有强烈的好奇心，重分析，好内省，比较慎重。她们喜欢从事有观察、有科学分析的创造性活动和需要钻研精神的职业，如科学研究等。

3. 艺术型

此类型女性想象力丰富，有理想，易冲动，好独创。她们喜欢从事非系统的、自由的、要求有一定艺术素养的职业，即音乐、美术、影视、文学等与美感直接或间接有关的职业。

4. 社会型

此类型女性乐于助人，善于社交，易合作，重视友谊，责任感强等。她们希望从事那些直接为他人服务，为他人谋福利或与他人建立和发展各种关系的职业，如教育、医疗工作等。

5. 企业型

此类型女性喜欢支配别人，有冒险精神，自信而精力旺盛，好发表自己的见解。她们愿意从事那些为直接获得经济效益而活动的职业，如经营管理、生产供销等方面的职业。

6. 常规型

此类型女性易顺从，能自我抑制，想象力较差，喜欢稳定、有秩序的环境。在职业选择上，她们愿意从事那些需要按照既定要求工作的、比较简单而又比较刻板的职业，如办公室办事员、仓库管理员、非技术操作工等。

# 职场技巧

1. 直接要求

女性通常害怕遭到拒绝，所以很难说出自己心里真正的要求。在职场中，当提案遭到主管退回时，对女性而言即代表绝对否定，没有机会，是挫折；对男性而言，拒绝却代表了仍有许多其他的可能性，现在遭到拒绝，以后还有机会，可以换个方式再接再厉，根据问题点重新修正提案，总有被接受的机会。

因此，女性应该改变自己敏感、脆弱，太过注重人际关系的特点，重新规划生活目标，不断地告诉自己一定要达到目标，想念自己有能力成功，将失败与挫折变为下一次机会。

2. 敢于表达自己的看法

男性从小就被鼓励做事要勇敢，要勇于表达自己的看法。他们参与各项比赛、运动竞赛等活动，早已习惯竞争和输赢，很多人也了解没有永远的赢家。女性则习惯准备所有的功课，虽然非常细心负责，却不擅长报告，往往是准备 100 分，到最后的分数却大打折扣；而男性准备 60 分，却常有表达到 100 分的成绩。

你是否有类似的经验：男同事在会议中总是非常踊跃地发表意见，滔滔不绝，似乎有备而来。事实却可能是：他对提案没有你更熟悉，而且你手上准备的资料也比他更周全。但你从没有机会表达你的意见，主管不知道你的存在，更难想象你的专业程度。最后的结果是，公司采用男同事的提案。

除了充分的专业准备外，关键在于你是否掌握表达的机会，让自己站上舞台，展现出自己的实力。机会不会从天上掉下来，表达才有得分的机会。

3. 掌握表达的技巧

开会是最有效的沟通方式之一，要让高层主管在有限的时间与注意力中专心倾听，你的报告必须简短有力。主管期待听到精彩的 10 分钟，而非冗长又没组织的 30 分钟。女性往往会不自觉地模糊焦点，加上冗长的解释，让听众丧失耐心。

开场白应避免使用软弱的字句："很抱歉打扰你的时间。""大家一定都曾想过这个创意。"女性可以训练自己的报告技巧，学习如何自信地传达声音，以直接有力的开场白加上自信坚定的、有信心的回答。在会议报告中留下深刻的印象，就有机会获得主管的青睐。

4. 主动出击，赢得注意力

男性惯于主导职场环境，一有机会便很自然地推荐自己，争取表现的机会，扮演火车头的角色。相较之下，女性比较习惯默默耕耘，等待主管的赏识。不要孤芳自赏，整天努力工作，然后待在办公室内，以为老板一定知道自己为公司鞠躬尽瘁。事实是：老板是不会注意的，除非你主动出击。

你可以主动定期向老板报告团队的最新工作绩效，反映自己优秀的领导能力。同时主动与其他相关部门建立关系，介绍你的职务，让他们了解你能为他们做什么，你有什么资源可以分享。

5. 不要期待每个人都是朋友

当有同事直接向你表示，除了公事外，无意与你建立所谓的"朋友"关系时，女性的反应通常会感觉受伤，认为是其他原因所致，接下来也间接影响彼此工作上的合作与支援。对于这种状况，男性的反应常是无所谓，今天在会议中处于竞争对立的立场，明天却一起去唱卡拉OK，公私泾渭分明，两者无关，也不会产生矛盾。

反观女性，常常认为同事应在同一阵线，习惯将战友等于朋友。女性认为，若不是朋友，如何并肩作战？建议女性在职场中应以工作职务为标准，不要因为朋友的关系而影响了对公事该有的专业判断。即使彼此不是朋友，只要工作上能配合，能共同达成目的，就可以合作。夹杂私人感情在工作里，反而会影响工作效率。在公司内，如何与同事保持适当距离非常重要，若时时要顾及朋友情谊而误了公事，必定会产生负面效果。

6. 随时准备接受新挑战

当公司赋予你新的职务，让你肩负更多的挑战与责任时，你的第一个反应是什么？

多数女性会开始担心是否能胜任，压力随之而来，因为从未有过相关业务的经验，成绩可能不理想。男性面对相同的问题时，则会很乐观地接受新任务，虽然他自己也可能不知道从何着手，但他不会让别人知道。他相信自己一定能办到，不需担心。

新挑战意味着新的表现机会，其中充满了不确定性。女性应该增加对自己能力的信心，因为别人面对的问题与你一样。

7. 接受风险

每一个决策的背后都有风险，但风险是可评估的，若不踏出新的一步，就没有成功的机会。你可能正在思考：如果我接受了新方案，万一失败了怎么办？如果我负责新业务，成绩不理想，会不会脸上无光？最后在多重考虑下，还是不冒险比较安全，但这样一来，你永远不会进步。

女性常为了安全感，保守地待在原地，总有一天别人会轻易地夺取你的腹地。女性可训练自己逐步接受风险，不必害怕改变。学习的过程，甚至是失败的经验，都能帮助你承受更大的决策与风险。

8. 扮演稳定的力量

当公司企图发展新事业时，领导人往往自己也不清楚该如何开始，此时他会指派一位主管作为新事业操盘人，开始进行所有的作业。

一旦你成为新操盘人，即使没有丰富的经验，也不要为此心虚。若你一直害怕自己无法完成，就永远无法成功，而且你散发出的恐惧也会影响别人的支持和感受。应调整角度，相信自己绝对有足够的专业能力达成，因为这是老板选择你的原因。事实上，没有人能百分之百掌握正确答案，但他们都假设自己知道。所以你要停止担心，开始行动，踏出第一步。

9. 小处着眼

男性在职场目标清晰，非常清楚终点目标的位置，不会偏离跑道，能以阶段性的方式完成各个短期目标，有效且精确地到达终点；女性则倾向同时处理很多方面的事务，包括家庭与事业，希望能同时兼顾所有的事。正因为她们耗费很多心力在各项责任中，因此常感到工作过量，力不从心，承受较大的工作压力。

建议女性在工作环境中，先确认首要目标，将焦点集中在首要目标，完成后再逐步进行其他任务。理清工作中的轻重缓急，有助于提升工作绩效，引领你快速到达目标。

10. 不要私下抱怨

工作碰到瓶颈或挫折时，女性习惯私下向朋友或同事表达各种抱怨与烦恼，最后可能全公司的人都知道你的挫折。结果是没有解决原有的困难，却换来团队成员对你的不信任。每个人都会遇到瓶颈，但男性不会向其他同事透露烦恼，也不会表现出自己焦虑的情绪，因为这无助于完成工作。

作为一个女性主管，不要期待别人替你解决烦恼。你要设法寻找其他平衡情绪、缓解压力的方法，不要让在公司里的抱怨变成自己的负担。

11. 配合团队作业

女性通常因考虑太多，同时在自我保护的外衣下，排斥与别人分享资源，喜爱自行其是，因而无法共同达到团队目标。男性则比较能配合团队领导人的指令，拿出最佳本领，协助主管完成目标任务。

女性应充分了解在团队整体目标的前提下，需舍弃自我的观念和坚持，因为团队领导人将担负所有的责任与压力，只要身为团队成员，都应尽全力协助领导人。

12. 担负更多责任时，要获得更多权力

女性在企业里多担任副手、军师的角色，天生就乐于分担工作，虽然做的事愈来愈多，却不会主动要求享有更多的职权，以获得升迁的机会。反观男性，他们会在担负更多的责任时，主动要求升迁，在职场中更上一层楼。

在担负更多责任的同时，切勿忘记要求有更多权力，这样不但可以让自己有更大的发挥潜力，也会拥有更多资源，使工作更有效率。

13. 与核心人物靠近

开会时，女性通常会选择后面的位置，与老板保持距离，或和朋友坐在一起，感到较有安全感。她们潜意识中认为，前面的位置是留给主管及老板的。相反，男性则会非常自然地坐在前面。

选择会议室的位置反映了你的自信度。不论你有多么专业，坐在后面就显示得自己较不重要。会议位置象征权力的奥妙转移，女性应该坐在会议室前半部分，让老板看得见你，有机会询问你的意见，对你有印象。

14. 展现幽默与笑容

在各种公开场合中，多数女性会非常认真、严肃地看待所有的事，缺乏幽默感。若你过于严肃，别人往往不知如何开始沟通的第一步，容易与你保持距离。男性则擅长运用幽默或缓和紧张的气氛，或让别人更易接受自己的看法。

有些人甚至认为女性天生就不会讲笑话。因此女性在听到笑话时，应尽量展现你的笑容，表示你享受幽默的乐趣，接受较幽默的表达方式。有时，即使你已听过同样笑话了，仍然可以展开笑容，营造幽默的气氛，这是表示赞同与鼓励的一种方式。

# 女性轻松工作的方法

现代女性面对日益繁重的工作压力，都或多或少地产生一定程度的精神紧张。那么，现代女性如何抵制工作上的精神紧张，以便轻松地进行工作呢？主要建议有下列几点：

1. 条理清晰

如果你知道要处理的事情是在办公室里，在办公桌上，在公文夹里，你就会工作得更有效率。

2. 避免误解

如果你向雇员发出指示，或者从上级那里接受指示，要额外花点时间搞通它，这样就可以避免误解。"请向我重复一遍这些指示，以使我确信我们相互沟通了，好吗？"这是你们两者之间完全正当的提问。

3. 以诚相待

如果你在商务交往中从未说谎，你大可不必隐匿这一点。

**4. 留有富余时间，不要把日程表排得太满太紧**

在一个活动与下一个活动之间，需要有一个过渡时间。如果你要去看望一位客户，要使你路程的时间富余出 20 分钟，以防意外情况发生。

**5. 依靠自己的鉴别能力，而不要依赖别人的鉴别**

如果你因某项工作而受到赞扬，那当然好，但不指望也不依赖赞扬，这对自己不失为一种小得多的压力。

**6. 从批评中学到有用的东西**

如果你的工作成绩鉴定未达到一般标准，沉迷在消极的感情中是无用的，也是有害的。仔细想想对你的批评，看看你可以做些什么改进，以便下次能获得好的评价。

**7. 抛弃牺牲品的感觉**

如果你认为自己工作得与其他人并无二致，那其他方面也将是有前途的。不要为自己的性别或任何其他的问题而感到伤心，这不是积极的态度。要瞄准你的问题并加以解决。

**8. 正确的权力观念**

在一个班组里工作，意味着总是有一个变动的权力结构以及其他有竞争优先权的人们。这就是说，你或许没有按照截止时间完成工作，或者没达到定额。要学会与所在的班组共同生活，并尽你的力量促使班组成为真正支持你的集体。

**9. 要敢于对一项不重要的计划说"不"**

**10. 要学会把责任委托给他人，就像你在家里所做的那样**

**11. 宽恕自己在判断上的过失和错误**

回过头来以新的眼光审视一下你的错误，那你就可以开拓一个更广阔的领域。做一件事情通常并非只有一种正确途径，所以，这一过失也可能引导你找出一种不同的、而且是更具创新的解决方法。

# 职业女性自我放松小方法

**1. 一些特别的日子让自己放松一下**

我总是喜欢按照自己的方式，为自己精心计划一些工作之余的特定日子，比如：打球日、逛街日、约会日、睡觉日、学习日，积极快乐的享受每一天。

**2. 看看你的梦想贴在哪**

没有设定目标的人，就永远到达不了目标。我会把我的理想、目标直观化，我把它画得鲜鲜艳艳的，剪贴在大卡纸上，有空就拿出来欣赏，图片看多了，可以刺激我努力去达成某个目标，早日享受梦想成真的满足感。

**3. 每天早起一小时**

大清早起床，感觉一下"众人皆睡我独醒"的优越感，早睡早起，头脑清醒精神爽，心情自然也会快乐舒畅。试着培养早起一小时的好习惯，不但会多了宝贵的宁静时间及充裕的精力，而且早晨恬静清新的感受更是万金难买。放一个存钱罐在你的办公室桌上，要赏心悦目的那种。可不仅仅是当做摆设，而要认真地养它，每天喂它一次，作为你旅游、买大衣或做善事的基金，虽然只是一个小小的动作，但却会带给你细水长流般的快乐。

**4. 养只小宠物**

为自己买棵小盆栽或养个小动物，它会使你心情愉快，而在你的悉心照顾下，看着它一天一天长大，你一定会体会到经过付出而获得收获的快乐。

5. 自我增值

定期上不同且对自己有益的兴趣班和训练课程，体验一下不同领域带来的学习乐趣和成就感，只要忙得充实有意义，你的每一种兴趣都会带给你不同程度的成就感。不要仅仅为工作而充电，那样你的弦不仅不会放松，反而会越绷越紧。

6. 宠爱自己

每天花一点时间宠爱自己，投资在自己身上是应该的。每星期的时间计划里留出宠爱自己的时间：做面膜、做运动、做心灵瑜伽……让自己随时都保持在最佳状态。

7. 想象快乐

人类的潜能是非常奇妙的，好好运用我们的第六感和意志力，想象我们正处于一个让我们完全放松的环境里，比如在海边，在森林里，或者某个自己特别想去的地方，想象自己在那里快乐地享受着。试一下，做做这种游戏，你会发现紧张的你很快就轻松下来了。

# 女性工作十个不良习惯

1. 过多地点头

当女性点头时，她们是在表示"我明白了"，而男士往往把点头理解为同意他们的观点。过多地点头会被看成是软弱的表现。

2. 大声说话

在一句话末尾突然提高音调，给人的感觉好像是要提出什么问题以表现出自己对此事的不相信，但是大多数女性对此并不重视。所以你应该试着降低结束语调，使之听上去更有权威性。

### 3. 口头禅

有些人把交流工作变成陈述并要求得到证实，"这是个好主意，你不认为是这样吗？""我们有最好的工作团体，对吗？"类似于这样的口头禅会减少权威性和可信性，所以应该避免。

### 4. 修饰

有些词像"只是、但愿、猜想"会使表达者及所表达的信息受到轻视。"这只是个想法""我只是个初学者""但愿我干得不错""我想我有个问题"这些语句都表明表达者缺少自信心，而且告诉男士听者所表达的信息无关紧要。同样，频繁的道歉也是不恰当的。应该用强有力的语言代替那些软弱无力的词汇。

### 5. 允许打断

男士会突然插进来说自己想说的事，他们比女性更喜欢打断别人。而女性则往往会容忍自己的话被打断，以致对自己的主见失去信心。所以你应该说"我还没有说完"或"请先保留你的问题"，或者继续发言直到表达完了自己的意见为止。

### 6. 等待他人邀请

在商业圈内，不能大胆说话的人往往被认为是没有知识的，所以你要积极投入每一次会议的发言中。有些女性等着他人邀请她们发言或根本不知道如何发言。所以在适当的时候打断他人来阐明自己的观点是很重要的，你必须学会让别人来听你的意见。

### 7. 穿着过于性感

视觉印象往往只在 7 秒钟内形成。衣着和外表也是一种交流的形式。如果一位现代女性脚穿高跟鞋，身着缎衫和迷你裙并化浓妆，那么她表示的是性挑逗而不是职业上的交流。所以要想在工作中取得成绩，女性的穿着应该符合她的身份。你不必丢弃女性的温柔气质，但也不要穿得过于招摇。你的穿着可以效仿比自己职位高一层的人。例如，如果你是管理人员，那么不妨穿得像个经理。

**8. 说话过于软弱**

说话软弱无力往往表示自己缺乏安全感或自信心。从喉部的隔膜发声可以使自己的声音被与会的每一个人听到。因为如果他们不得不费劲全力才能听到你的声音，他们往往听不进你在说什么，而且发言人一旦以一种软弱的声音来阐述自己的观点，往往会失去说服力。

**9. 允许他人夸耀**

现代女性常常抱怨男士喜欢夸耀自己的意见。当发生这种情况时，女性应该勇敢地指出自己的贡献，"对不起，关于这点我刚刚已经说过了！"或"这与我刚刚所提及的有什么差别吗？"而不要当别人打断了你的意见时还无动于衷。

**10. 身体姿势不雅观**

有些细小的动作，如耸肩，斜视对方，一条腿交叉着站立，或手的轻微晃动都会有损一个人的形象。男士往往占据更大的空间。所以你应该时刻保持自己的地盘。站如松，坐如钟，理直气壮地从事属于自己的工作。

# 优秀职业女性必备七要素

职业场上的女性应该具备哪些能力？一般认为下面七种能力是职业女性职业生涯的必要基石：

**1. 健康的身体**

再有能力再聪慧的头脑都不能保证你的职业地位长久稳固。无论你是多么优秀的专业人士，不堪重压的身体状况会令老板和同事对你心生不信任感。这种状况使人不愿对你委以重任。"……让她干这件事可以吗？如果她又临时请假，那可糟糕啦……"

2. 明确的工作目的

我为什么要工作？把目的弄清楚，并且肯定它会有助于我们在遇到不如意的工作安排、难缠的同事或其他工作低潮时，迅速抓住问题的主要环节，并确定自己应采取的立场，是应该积极行动，还是冷静地等待时机，抑或干脆一走了之。有了明确的目标才能在情绪低潮中恢复理智，获得行动的动力。

3. 良好的人际关系

在公司内外都注意与人多接触，增长见识开阔视野，而且不同工作、学习背景的朋友会带给你各种新知识、新思想的刺激，使你的头脑跟得上时代。另外，对公司中的前辈要多多请教，不耻下问，真诚友好的心态会赢得同事与客户的友谊。但要注意，不要加入办公室内部的"小团伙"，避免没有意义的纷争和倾轧，这也是老板最不愿看到的。

4. 具备用电脑工作的能力

这不仅仅是指打字一类的简单工作，而是指你要努力掌握办公室里最新的表格、工作软件，做同一件工作你要比男同事干得更快更好。

如遇需要改动的部分要能迅速完成。这样才能使人承认你具有和男同事"一样的"电脑能力，打破一般人心目中"女性大多具有技术恐惧症"的不良印象。在实际工作中，只有靠你自己不断培植自己的"数字神经"啦。

5. 外语能力

商务全球化是大势所趋。虽然目前的翻译软件还不太过关，快速准确地翻译英文专业资料成了不少办公室女性在参加办公会议前的必修功课。就算你不打算角逐派驻海外的机会，你也不想被从会议桌前请走吧。

6. 舒解精神压力的能力

工作中总是充满了压力和挑战，学会舒解工作中积累的精神压力才能保持长期的良好精神状态。无论是同事还是老板都不愿看到职业女性神经兮兮或过分敏感、易于激动的样子。这种状态在告诉别人"这该死的工作，快让我发疯了"。即使你最终完成了工作，别人也会想："她不太适合担当重要责任，她太女性化了，工作会让她精神崩溃的。"

7. 具有善用金钱的能力

用金钱买时间、买效率、买机会是职业女性应具备的金钱观念。

过分地"抠门"——自己亲自用午休时间急匆匆地出去采购，下班铃一响就冲出门去接小孩都是"非职业"的表现。其实，花钱请一位家务工代劳就可买回更多的时间和自由，自己就有更多精力投入工作。

另外，有时为了工作，也要舍得自己掏腰包，不必太过计较。

# 建立职业自信的七个步骤

1. 请问自己："我真的希望达成目标吗？"

一般人即使确立了职业目标，但通常认定自己办不到，凡事均不抱太大希望。反过来也是如此，由于并不衷心渴望达成希望，所以也就缺乏达成目标的自信心，嘴上还经常说："我的能力有限，我办不到。"

不管在哪一类公司上班，在工作上追求快速成长而始终认真如一、朝向目标奋勇迈进的人，总是占少数。大多数人往往投入一半心力，并不积极的全力投入。

拥有"这才是我唯一的工作"的这种全神贯注的信念是非常重要的，抱着半途而废的心理绝不可能产生自信，也绝不会被认为是公司的好员工。

2. 不妨试一试整天沉迷于工作之中

这个建议听起来似乎很平凡，不过你不妨试一试。

人，唯有贯注于自己的工作才会产生希望。希望和自信原属同一根源。只要将自己沉浸在工作中，一天也好，你的心底便会自然而生"只要切实去做，同样也做得到”的自信。

仅仅一天而已，乍听之下好像没什么意义，然而这却是一个充满自信人生的转折点。我们可从很多人的经验中得到证实，一个充满自信的一天就是迈向成功的第一步。

### 3. 事先做准备再着手进行

凡事做好万全准备的预先工作，是带来自信的源泉之一。

例如，在你向人推销商品、构想时，保有自信的最好方法，就是事先准备好无论在任何场合见面，都可提供对方特别的东西，以及提供让对方接受的方法。再者，为了不使对方感觉浪费时间，采取什么样的话题、方式，以适当表达出重点，也必须在事前做深刻的了解。

这就是为你带来自信，而且能够说服对方，使自己的身价快速上涨的最佳秘诀。

### 4. 从经验中得教训

哲学家兼教育家约翰·德伊曾经说过：“从过去经验中所得到的教训，是建立自信的重要因素。”

不幸的是，大多数人并不重视这个道理，所以同样的失败不断地反复发生。

事实表明，成功者除了不停地拼命工作之外，最大原因还在于时时刻刻都思考，从过去的经验中发现改进之道。

假使你可以持续并累积这种经验，必定可以减少日常的错误及失败，同时自信心也会大为增强，当然也就能够快速提升个人身价了。

### 5. 用头脑认真思考问题

当今社会是一个活动频繁的社会，而且陷在复杂问题的困境中十分痛苦，这就需要现代女性彻底思考一些复杂困难的事情不可，因为必须借着一番“深思熟虑”才能打破僵局。僵局一旦打破，自信心就会跟着应运而生。

要想成为一个真正充满自信的现代女性，使自己的身价快速上涨，必须要下定决心学习用头脑去思考问题。

6. 拿出勇气勇敢面对

欠缺自信的人，终日与畏惧结伴为邻。而愈是被畏惧的乌云所笼罩，自我肯定的机会也就愈是渺茫。

其实，你所畏惧担心的事物一旦面对现实时，你的心里往往会有"大不了如何如何"的万全准备，这种"大不了"的心理正是你可以克服畏惧习惯的最佳证明。所以，这些造成你不安的畏惧事物，说穿了并没有什么，我们若将其真面目分析得仔细一点，你会发现你所畏惧的"幽灵"原来不过是一株枯萎的树影罢了。你将会为自己深深陷入这样的畏惧感到好笑。

所以，不论你怎么看它，只要拿出勇气勇敢面对，不但可以从此消除畏惧的阴影，并且能够产生坚强的自信心。

7. 要确实遵守自己所定下的约束

这是增强自信的最后一个步骤，也是所有步骤中最简单且最具效果的。

约束的内容如何并不重要，重要的是将它写在纸上后，不论发生什么样的障碍，都务必要确实遵守。

## 把握好职场第一原理

要处理好你与上司的关系，关键是要对他们的人格和哲学进行认真的研究。例如，研究他们过去的工作绩效，逐渐地了解他们的做事习惯和风格等。如果你想取得成效，你就必须尽你所能去了解有关他们的一切，而且，你必须投其所好地适应他们。这样做有助于你得到一份好工作，帮助你走上成功之路。

这里所说的"研究"你的上司，并不是说在名人录里找出他或她的名字，而是说通过读书或与认识他或她的人们进行交谈。例如，你可能会结识某个人，他能帮助你，从而成为连接你与上司的纽带。或者，你也许能了解上司的一些很重要的个人经历，使你明白为什么你的上司会具有那样的习惯或做事风格。也可能通过这些活动，你了解了需要注意的问题是什么，或应该避免的行为是什么。

比如，有的领导喜欢当面倾听问题情况，你就要学会口头陈述报告，而不要拿一堆文字材料去烦他；有的领导喜欢下属用文字方式打报告讲问题，你就要学会书写漂亮的报告呈交他细细琢磨，而不要用嘴巴跟他唠叨。有心的女人总能这样适应不同领导的工作习惯，这有助于提高工作效率，也会让领导对你另眼相看，觉得你是个得心应手的好下属。

你第一次与你的上司见面，这也就是研究你的上司的开始。在你与上司第一次见面之前，对他进行一些了解，有助于你和你的上司更好地讨论某些问题，免得对你上司谈的问题一无所知，从而使自己陷入被动和尴尬的境地。同时，在见面之前，对于你准备问什么问题以及谈论的重点问题应该是什么等等，也应认真想好。第一次见面不要期求谈论太多的问题，随机变换话题倒是重要的。

初次与上司见面有助于你对你的上司取得一个大致的了解，例如他的相貌、谈吐、风度和气质等，大概知道上司对你的期望是什么，你具有哪些职责，你的竞争对手如何。

优秀的上司往往看重的是那些在规定的时间内把工作做好表现出了很突出的才华的人们，这正如任何一名运动员都知道的，你是通过自己的表现而使自己进入或离开首发阵容的。

如果你做好了一切的准备，让你的印象在上司面前表现得干练踏实、顺他心意，那你将省去了好多弯路，成为被上司欣赏和重用之人。

# 与领导相处的方法

现代女性在为人处事上要会运用一些技巧，特别是职业女性，更要懂得如何与领导搞好关系，因此一定要做到：

1. 避免"轻佻"举动

自尊是女性应具有的内在品质，同时，女性还应注意检点自己的言行，不说过头的话，不做不合时宜的事，时刻注意保持言行的稳重，避免轻佻的举动，避免给人留下轻浮的印象。

"轻佻"就是不庄重、不严肃，突破了正常交往中的人际距离，越过了上下级之间的禁区。

女性与领导相处的过程中，举止轻佻，势必会造成社会舆论上的不良影响。而名誉的损害对女性来说则不啻一种无法弥补的巨大损失。有抱负、有理想的领导为了证明自己的清白，防止"说不清，讲不明"的男女绯闻的流传，也定会主动疏远这样的下属。要知道，只给领导增加麻烦，不能为领导排忧解难的下属永远也不会讨得领导的欢心。

2. 言行稳重、自尊

自尊就是自己要尊重自己，在行事上要有一定的标准与原则，要保持人格的独立，更要爱惜自己的名誉，一言一行都要稳妥，切合身份。

人只有首先自尊，别人才会尊重你，这是一条千古不易的人生道理。对于女性来说，自尊就显得尤其重要。女性失去了自尊，就等于失去了做人的根本，定会成为他人的玩物或笑料，给其自身造成伤害。

在与领导相处的过程中，女性的自尊是尤为重要的。本来，上下级之间在人格上是平等的，正是这种平等对上下级之间在权力上的不平等起到了一定的制衡作用，使得下级有可能保持自我的相对独立性。如果女性一旦失去了自尊自爱，那她就只能匍匐在权力的脚下，乞求别人的怜悯与恩赐，以尊严来换得生存。这样的人是不能抵御权力的威胁和引诱的，也给予那些心术不正者以可乘之机。有的女性就是因为失去了自尊而成为权力的牺牲品。

3. 保持一定程度的亲昵

对年轻女性来说，偶尔流露出一点儿小女儿娇态，有时会比千言万语更为有效。毕竟，到了当领导的这种年龄，差不多都有了自己的子女，有的领导的子女可能比自己的下属年龄还大。小女儿娇态很容易让领导生出慈爱怜悯之心，对你生出更多的爱护和宽容。

但是，亲昵不应超过男女正常关系的限度。如果表现得不恰当，就有可能被某些不安分的领导看做是某种暗示，在同事间也会留下不好的印象。有些事情，跨出去就再难收回来，所以，年轻女性对此一定要慎重，要注意留心领导的品质等各方面的情况。

# 如何适应五种类型的上司

对于下属来说，最大的苦恼莫过于工作努力，却得不到上司的赏识。美国人力资源管理学家科尔曼说过："职员能否得到提升，很大程度不在于是否努力，而在于老板对你的赏识程度。"那么，怎么才能脱颖而出呢？如前所述，你要尽力掌握并适应上司的种种特点，才能为他们所喜欢。

这里分析了几种类型的领导，供你研究上司特点时作参考。

1. 权威型

这类上司喜欢下属凡事请教。你不须有出色表现，只要有困难时找他，让他觉得你是信服和依赖他的，就足以叫他对你另眼相看。很多时候，你见到一些没办事能力的人也会升级，这些人很可能就是仰仗了贪好权威的上司。

2. 心急型

这类上司是急进派，一切以效率为依据，慢条斯理的工作，绝对不会被接受。在他手下工作最好雷厉风行，即使有错，也在干开之后再改。不要磨洋工，不要消极怠工，以示你的不满，那样可能会遭受严厉批评。

3. 冷漠型

这类上司沉默寡言，其实内心多是热情的。不妨在他生日时，热情地送上自制的贺卡以及写上一些感人的字句，保证令他心花怒放。

4. 笑面虎型

这类上司表面上很亲切，遇到什么事或对待态度不佳的员工均微笑置之，其实是笑里藏刀，若你无意得罪了他，有一天忽然遭解，也不用意外。对这种上司，你要毕恭毕敬，谨言慎行，不可掉以轻心。

5. 情绪型

这类上司喜怒无常，令下属无所适从。他本质是善良的，只是性格欠稳成，才难以控制自己的情绪。这类上司通常十分敏感，也很介意别人对他的看法。在他高兴时，不妨大胆提出要求，但在他心情欠佳时，最好逆来顺受。

你的上司是哪一种类型呢？或是哪几种类型的混合呢？知己知彼方能百战百胜。

# 走出工作习惯的误区

在公司里我们常常会看到这样的情况：一位员工工作技能很高，但却常常无法按时完成工作任务或与他人无法和睦相处，从而导致了考评结果不高，最终影响了在公司中的提升。分析发现，该员工的问题并非出在工作技能中，而是在工作习惯中。良好的工作习惯可以将工作技能顺利地应用到具体工作中，可能还会弥补工作技能的不足，从而高效地完成工作任务。不良的工作习惯起到的作用恰恰相反。

下面就是几种不良的工作习惯，希望我们能认真了解，并与自己的工作习惯相对照，来发现自己的不足。

**1. 不注意协调与直接上级的关系**

直接上级是你的直接领导，也是你工作的直接安排者和工作成绩的直接考评者。搞好上级的关系不是让你去溜须拍马、阿谀奉承，而是要注意经常与上级沟通，了解上级安排工作的意图，一起讨论一些问题的解决方案，这样可以更有利于完成自己的工作。

**2. 忽略公司文化**

每个公司都有自己的企业文化，不论公司是否宣传这些文化，它都是客观存在的。特别是新员工，在刚来公司时，一定要留意公司的企业文化。企业文化通俗地讲就是企业的做事习惯，不注意这些习惯，就会与其他人格格不入。

比如公司员工经常加班加点工作，而你却非要按时来按时走，一分钟都不愿在公司多待，这种不良的工作习惯势必会影响你在其他员工心目中的印象。

**3. 对他人求全责备**

每个人在工作中都可能有失误。当工作中出现问题时，应该协助去解决，而不应该只做一些求全责备式的评论。特别是在自己无法做到的情况下，让自己的下属或别人去达到这些要求，很容易使人产生反感。长此以往，这种人在公司没有任何威信而言。

**4. 出尔反尔**

已经确定下来的事情，却经常做变更，就会让你的下属或协助员工无从下手。你做出的承诺，如果无法兑现，会在大家面前失去信用。这样的人，公司也不敢委以重任。

### 5. 行动迟缓

在接受工作任务之后，应该立即着手行动。很多工作都是多名员工相互协作开展的，由于你一人的迟缓而影响了整体工作的进度，会损害到大家的利益。有些时候，某些工作你可能因为客观原因无法完成，这时你应该立即通知你的上级，与他讨论问题的解决方案。无论如何，都不应该将工作搁置，去等待上级的询问。

### 6. 一味取悦他人

一个真正称职的员工应该对本职工作内存在的问题向上级提出建议，而不应该只是附和上级的决定。对于管理者，应该有严明的奖惩方式，而不应该做"好好先生"，这样做虽然暂时取悦了少数人，却会失去大多数人的支持。

### 7. 传播流言

每个人都可能会被别人评论，也会去评论他人，但如果津津乐道的是关于某人的流言蜚语，这种议论最好停止。世上没有不透风的墙，你今天传播的流言，早晚会被当事人知道，又何必去搬石头砸自己的脚？

## 打入公司主流群体的七种策略

要在职业场取得成功对任何人来说都不是容易的，因为这个世界充满了竞争。难怪会有那么多关于职业发展的书籍和文章，还有那么多专家建议你如何在职业场上为人处世。

但这些书籍和演讲文章总是遗漏了一个令人困惑的职业之谜：如何克服一个特殊的障碍，来达到成功的彼岸。这个障碍通常是个很大的问题，是因为你作为局外人而引起的，使你与职业场上的主流群体完全"不同"。这些不同可以表现在多方面，比如种族、性别、宗教、民族、残疾、性取向、年龄或者语言。

尽管在很多企业里面你要打入主流群体并非易事，但只要你努力，依旧有可能成功。以下推荐 7 种策略和技巧，可有助于实现你的目标。

**1. 首先反思你自己**

不要因为以前你的或别人的不愉快经历而假设每个人都存有敌意。要根据面临的新情况而作出具体判断。

有人问及法官菲斯·霍奇伯格在取得现有成就的职业生涯中有否遭到竞争敌意，"不，我没有。"她说，"事实上，我总是从相反方面去设想别人，首先消除我心中对别人的敌意，只是在事后我才会意识到别人对我存有某种敌意……我从不纠缠于这类琐碎的细节。"

**2. 广交朋友**

结交朋友，建立社交圈，寻求前辈的指导，对每个人来说都是基本的职业技巧。如果你是一个"局外人"，这些就尤为重要，遗憾的是做起来很难。

成功的局外人都认为，你必须让主流文化的人们能和你自然相处。你必须放下你自己的架子，充满自信地参与社交活动，接受对你表示友好的人们的提议。

**3. 强调积极正面的东西**

你必须拥有能成功的技巧和知识，这一切就是你被雇用的原因。但是如果你不是企业主流群体中的一个成员，你就得有些额外的素质。试试下述方法：

了解你所在领域内的最新潮流，想办法应用在你目前的工作或你希望做的工作上；敢于冒险，勇于决策；抓住一切机会，调动或者被指派到和公司目标直接相关的第一线工作上；强化你的书面和口头表达能力；认识到你的文化背景所具有的力量。

### 4. 善于表现自己

让公司知道你可以做些什么。即使你是一个成就非凡的人，你也不要指望被别人发现或者认识。为了取得进展，你得让人们知道你是谁，你做了些什么。

沉默寡言，严格信奉权威，不愿听取建议，害怕"出人头地"，与主流群体的人们无法和谐相处，如果你想使自己更引人注目的话，所有这些可能就是你必须克服的文化障碍。

### 5. 善于接受，不要牺牲

让你的观点和公司文化相适应。要从局外人变成局内人，并且真实地对待你自己，你必须懂得"接受"和"牺牲"之间的区别。你得做到：

认识哪些文化特征是你不能放弃的，哪些是你愿意调适到符合公司文化的；不要把为公司文化而作出的每一种改变或调节视作放弃或让步，而要看成是适应新环境的一种方式；不要让你所在群体的其他人为你下结论，该在哪里画一条线；你得自己作出决定。

如果公司歧视你的文化，如果公司的价值观直接和你的文化发生了冲突，如果你现有的职位不足以充分展现你的才能，那么如果你留下来的话，你可能就在作出牺牲了。

### 6. 知道你自己的权利

如果你认为你遭到了不公平的对待，你该怎么办？你可以尝试自己解决问题，或者你可以依照公司制定的程式，或者找来同盟者帮忙；如果遇到非法歧视，你可以考虑采取法律行动，法律会保护你的权益，对有关种族、性别、民族、年龄、怀孕或者残障等方面的不公平待遇，给你作出赔偿。在你采取法律手段之前，务必仔细斟酌你将在精神上、事业上和经济上付出的代价。

另一种选择是辞职，另谋他就，找一个在企业文化方面更适合你的工作。如果辞职比留下来付出的代价更大，那就调整心态，继续干下去。

**7. 要有远见，并为此作出计划**

有些女性认为该来的都会到来，她们的才华能确保自己的成功。这种宿命等待的态度可能会失去更多机会。因此，你还得做得更多。如果你想有所作为，除了你目前的技能，还得为了自己的利益多积极行动。

为了推动你的计划，你得把你将来 10 年要实现的目标写下来。然后重要的工作开始了，那就是行动起来，实施计划，把目标变成现实。

# 决定女性事业成功的八个细节

现代社会对女性的要求越来越高，女性柔弱的双肩上，有家庭的负担，也有工作的压力，想要在事业上有所建树的女性，往往要付出比男性更高的代价。以下几点是女性必须牢记的：

**1. 尽快学习业务知识**

你必须有丰富的知识，才能完成上司交代的工作。这些知识与学校所学的有所不同，学校中所学的是书本上的死知识，而工作所需要的是实践经验。当上司分配你某件工作时，首先你必须进行事前的准备，也就是拟定工作计划，无论是实际做出一个计划表，或仅有一个腹稿。总之，你需要对整个工作的进行排出日程、进度，并拟定执行的方法等。如此才能提高工作效率，成为上司眼中的好职员。

**2. 在预定的时间内完成工作**

在"时间就是金钱"的现代社会里，一个具有时间观念的女性是受人欢迎的，尤其是在进行工作时，更要注意按时完成任务。一项工作从开始到完成，必定有预定的时间，而你必须在这个时间内将它完成，绝不可借故拖延，如果你能提前完成，那是再好不过的了。

### 3. 即时运用智慧

工作时难免会遇到困难和挫折，这时，如果你半途而废，或置之不理，将会使上司对你的看法大打折扣，不再赏识你和提拔你，如此，昔日的优良表现，岂不是付诸流水！因此，随时运用你的智慧，或许只要一点构想或灵感便能解决困难，使得工作顺利完成。

### 4. 在工作时间内避免闲聊

聊天的确是人生的一大享受，尤其是三五好友聚在一起，话题更是包罗万象。但是，并非每个场合、任何时间都适于聊天，尤其是工作时间应绝对避免。工作中的闲聊，不但会影响你个人的工作进度，同时也会影响其他同事的工作情绪，甚至妨碍工作场所的安宁，招来上司的责备。所以工作时绝对不要闲聊。

### 5. 整洁的办会桌使你获得青睐

有人说过，可以从办公室的桌上物品的摆置，看出一个人的办事效率及态度。凡是桌上物品任意堆置，显出杂乱无章的样子，相信这个人的工作效率一定不高，工作态度也极为随便。相反地，桌上收拾得井井有条，显出干净清爽的样子，想必是个态度谨慎、讲求效率的人。事实也的确如此。一张清爽、整洁的办公桌确可增加工作效率。另外，还可以使人对你产生良好的印象，认为你是一个做事有条理的女性。

### 6. 离开工作岗位时要收妥资料

有时工作进行一半，因为上司召唤、客人来访或其他临时事故而暂时离开座位。在这种情况下，即使时间再短促，也必须将桌上的重要文件或资料等收拾妥当。或许有人认为，反正时间很短，那么做很麻烦而且显得小题大做，其实问题往往发生在你意想不到的时刻。遗失文件已经够头痛了，万一碰巧让该公司以外的人看见不该看见的机密事项，那才真正叫你"吃不了，兜着走"呢！

**7. 因业务外出时要保持警觉**

商业间谍早已不是什么新鲜名词，更何况业务机密的泄漏，往往是人为的疏忽造成的。作为公司的一位女职员，免不了要因业务外出，在外出搭乘交通工具，或中途停留于某些场所时，应提高警惕，留意自己的举止。即使是在上班时间以外与朋友会面，也应避免谈及公司的事情；不要将与公司相关的文件遗忘在外出地点；当对方询问有关公司的事情时，应该采取避重就轻的回答方式；外出公干，不可为了消磨多余的时间而随意出入娱乐场所。

**8. 做琐事时要有耐心**

一位缺乏经验的新女职员，自然无法期望公司将重要的责任由她来承担，换言之，刚刚开始接手的工作往往以一般的杂务居多。这种情况对于刚刚踏入社会，雄心勃勃地准备一展才干的女孩来说，极易令她们产生不满。可是无论心中多么不乐意，也不要让这些想法溢于言表。从公司的角度来讲，培育一名新人不容易，必须由基础开始，让她们一点一滴地学习工作内容，等有了一定熟练程度后，才逐渐委以重任。你明白了这一点，便会自觉地做那些琐碎的杂务。总之，你应当记住，"一屋不扫，何以扫天下。"

# 重燃工作激情的八种方法

**1. 树立切合实际的职业目标**

正确客观地评估自己，做自己力所能及的工作。

**2. 建立职业兴趣，强化职业情感**

兴趣是成功的先导，热爱自己的工作是取得成绩的保障。工作中尊重自己的情绪很重要。

3. 学会照顾自己，工作之余应充分休息和娱乐

能够生活与工作两不耽误的人工作效率更高，职业女性应该每周都必须要拿出一定的时间从工作中脱离出来，以单纯女性的身份来享受生活的美好。

4. 打乱单调乏味的工作节奏

重要的事情优先处理。

5. 利用升华技巧，寻找工作以外的成功

如果你把自尊也系于职业之外的某些方面，工作困境时，就容易保持一种积极的态度。

6. 适当参加体育活动

体育锻炼是消除职业厌倦综合征的良方，应适当参加体育活动。均衡的饮食可以强化免疫机制，缓和神经系统的紧张程度。健康的身心是我们投入工作的前提。

7. 合理地安排工作

学习、工作和生活要有计划地合理安排，有张有弛，使机体各种内脏器官更加充沛并富有生机。保证睡眠时间，躯体有慢性疾病者应抓紧治疗，争取做到康复。

8. 学会为自己减压

对于大多数人来说，工作中的压力是无法逃避的，而厌倦很大程度上缘于不断增加的负面压力，因此，要学会及时清空"情绪垃圾"，把压力转变成积极的动力。

## 什么工作适合你

根据性格特征与职业选择的关系，美国心理学家霍兰德把性格划分为6种类型，性格不同的人在选择职业上具有明显的差异。

这份测验分为 A、B、C、D、E、F 六部分。请根据自己的实际情况作出回答。符合的，则把该问题后面的"是"圈起来；难以回答的，则把"？"圈起来；不符合的，则把"否"圈起来。

A

1. 你曾经将钢笔全部拆散加以清洗并能独立地将它装配起来吗？

　　　　　　　　　　　　　　　　　　　是　？　否

2. 你会用积木搭出许多造型吗？或小时候常拼七巧板吗？

　　　　　　　　　　　　　　　　　　　是　？　否

3. 你在中学里喜欢做实验吗？　　　　　是　？　否

4. 你喜欢尝试着做一些木工、电工、金工、钳工、修钟表、印照片等其中的一件或几件事情吗？或对织毛线、绣花、剪纸、裁剪等很感兴趣吗？

　　　　　　　　　　　　　　　　　　　是　？　否

5. 当你家里有些东西需要小修小补时（诸如窗子关不严了，门锁上而忘带钥匙了，凳子坏了，衣服不合身了等），常常是由自己解决的吗？

　　　　　　　　　　　　　　　　　　　是　？　否

6. 你常常偷偷地去碰不让你碰的机器或机械（诸如打字机、摩托车、电梯、机床等）吗？　　　　　　　　是　？　否

7. 你觉得身边有一把镊指钳或老虎钳等，就会有许多便利吗？

　　　　　　　　　　　　　　　　　　　是　？　否

B

1. 你对电视或单位里的智力竞赛很有兴趣吗？　是　？　否

2. 你经常到新华书店或图书馆翻阅图书（文艺小说除外）吗？

　　　　　　　　　　　　　　　　　　　是　？　否

3. 你常常主动地做一些有趣的习题吗？　是　？　否

4. 你总想要知道一件新产品或新事物的构造或工作原理吗？

　　　　　　　　　　　　　　　　　　　是　？　否

5. 当同学或同事不会做某一道习题来请教你时，你能给他讲清楚吗？
是　？　否

6. 你常常会对一件想知道，但又无法详细知道的事物想象出它将是什么或将怎么变化吗？
是　？　否

7. 看到别人在为一个有趣的难题讨论不休时，你会加入进去吗？或者即使不加入进去，你也会一个人思考很久，直到你觉得解决了为止吗？
是　？　否

C

1. 你对戏剧、电影、文艺小说、音乐、美术等其中的一个方面较感兴趣吗？
是　？　否

2. 你常常喜欢对文艺界的明星评头论足吗？
是　？　否

3. 你曾参加过文艺演出或写出诗歌、短文被墙报或报刊采用，或参加过业余绘画训练吗？
是　？　否

4. 你喜欢把自己的住房布置得优雅一些，而不喜欢过分豪华和拥挤吗？
是　？　否

5. 你觉得你能较准确地评价别人的服装、外貌以及家具摆设等的美感如何吗？
是　？　否

6. 你认为一个人的仪表美主要是为了表现一个人对美的追求，而不是为了得到别人的选择或羡慕吗？
是　？　否

7. 你觉得工作之余坐下来听听音乐，看看画册或欣赏戏剧等，是你最大的乐趣吗？
是　？　否

D

1. 你常常主动给朋友写信或打电话吗？
是　？　否

2. 你能列出 5 个你自认为够朋友的人吗？
是　？　否

3. 你很愿意参加学校、单位或社会团体组织的各种活动吗？
是　？　否

4 你看到不相识的人遇到困难时，能主动去帮助他，或向他表示你同情与安慰的心情吗？ 是 ？ 否

5. 你喜欢去新场所活动并结交新朋友吗？ 是 ？ 否

6. 对一些令人讨厌的人，你常常会由于某种理由原谅他、同情他，甚至帮助他吗？ 是 ？ 否

7. 有些活动，虽然没有报酬，但你觉得这些活动对社会有好处，就积极参加吗？ 是 ？ 否

E

1. 你觉得通过买卖赚钱，或通过存银行生利息很有意思吗？

是 ？ 否

2. 你常常能发现别人组织的活动的某些不足，并提出建议让他们改进吗？ 是 ？ 否

3. 你相信如果让你去经商，你一定会成为富翁吗？ 是 ？ 否

4. 你在上学时曾经担任过某些职务（诸如班干部、课代表、卫生员等）并且自认为干得不错吗？ 是 ？ 否

5. 你有信心去说服别人接受你的观点吗？ 是 ？ 否

6. 你的心算能力较强，不对一大堆的数字感到头痛吗？

是 ？ 否

7. 做一件事情时，你常常事先仔细考虑它的利弊得失吗？

是 ？ 否

F

1. 你能够用一个小时坐下来抄写一份你不感兴趣的材料吗？

是 ？ 否

2. 你能按领导或老师的要求尽自己的能力做好每一件事吗？

是 ？ 否

3. 无论填报什么表格，你都非常认真吗？ 是 ？ 否

4. 在讨论会上，如果不少人已经讲的观点与你的不同，你就不发表自己的观点了吗？　　　　　　　　　　　　　　是　？　否

5. 你常常觉得在你周围有不少人比你更有才能吗？　是　？　否

6. 你喜欢重复别人已经做过的事情而不喜欢做那些要自己动脑筋摸索着干的事吗？　　　　　　　　　　　　　　是　？　否

7. 你喜欢做那些已经很习惯了的工作，且最好这种工作责任小一些，工作时还能聊聊天，听听歌曲等吗？　　　　　是　？　否

评分方法

测验分 A、B、C、D、E、F 六个部分，分别统计分数。每圈 1 个"是"计 1 分，每圈一个"？"计 0 分，每圈"否"计 –1 分。

A 代表"现实型"；B 代表"研究型"；C 代表"艺术型"；D 代表"社会型"；E 代表"企业型"；F 代表"常规型"。

如果你在某一部分得分最高，说明你属于该种类型的人。

# 第五章　施展天才社交能力

## 现代女性社交的优势

现代社会越来越注重人际关系，大到国家小到个人都离不开交际，交际在一定程度上能决定事情的成败。以前男人是社交中的主角，而现在越来越多的女性加入进来，并且拥有男性所无法比拟的社交优势。

1. 情感丰富细腻

人类的社会交往，是以情感为纽带的。每个女性一般都有自己的知心朋友，愿意寻求友谊是女性显著的特点，而以她们自然的柔情产生的交际力量，有时远比"钢铁"的力量还要强大。

2. 观察敏锐细微

细微的观察是认识事物的第一步，敏感的直觉是判断的依据。一般来说，男性观察粗犷、迟钝，女性观察则比较敏锐。这些优点恰好是社交的必需条件。

3. 仪态富有魅力

魅力是一种发自内心的吸引力，是教养、举止及气质的集合体。女性青春的打扮，文明适度的举止，和蔼可亲的仪态，亭亭的站姿，还有在各种交际场所的妩媚动态的艺术，无疑也充满了极大的诱惑。

4. 遇事多具韧性

女性除了敏感心细外，还善于抓住时机。女性处事很有韧性，一旦看准便锲而不舍，往往就是那婉转的语气、期待的眼神和"再坚持一分钟的"毅力体现了女性的韧性，而这在交际上不失为一种优势。

5. 偏爱群居生活

女性喜爱做什么事都聚集在一起，同女友谈心、上街，参加各种"非正式群体"的活动，如舞会、俱乐部、业余剧团，等等。

既然女性相对男性，在这些方面具有自己的优势，那么，就应该扬长避短，充分体现女性在社交中的作用和魅力。

6. 注意检验自身

人人都愿意别人喜欢自己，没有一个人为得到他人的厌烦而感到愉快，但事实上，不受欢迎的大有人在，且有逐渐增长的趋势，这就需要不受欢迎的女性检验自身，找出影响自身形象的缺点。一般来说影响女性形象的行为有以下几种：

（1）工作作风方面：工作死板、官架子十足、擅打小报告、工作不负责任。

（2）对自己的态度方面：自视清高、自命不凡、自高自大、傲视一切。其中"高傲"特别令人看不惯，因为高傲很容易直接或间接地挫伤别人的自尊心。

（3）个人生活作风方面：不讲究卫生、流里流气、生活习惯不好、作风散漫、不勤俭、马大哈、不拘小节、娇生惯养、乱用别人的东西。

（4）言谈举止方面：内容上，爱骂人、言语不美；风格上，爱说风凉话、爱说大话、嘴巴不饶人、贫嘴、空谈、乱开玩笑、说话不顾场合、经常背后议论人；举止上，矫揉造作、装腔作势、举止粗鲁。

（5）气质方面：脾气暴躁、反应迟钝。

（6）个人品格方面：自私、尖钻、虚伪、圆滑、嫉妒、俗气、懒惰、阴险、狡猾、图虚荣、耍手段、不正直、多心眼、爱猜疑、心胸狭窄、性情怪僻、爱出风头、好表现、哗众取宠、自作聪明、盛气凌人、欺善怕恶、趋炎附势、瞧不起比自己身份低的人、不尊重别人。

（7）学习方面：不求上进，嫉妒别人进步。

（8）对异性的态度方面：和异性说起话来没个完，在异性面前好出风头。

（9）在男女角色方面：爱疯疯癫癫。

7．注意学习优点

有缺点的女性需要掌握一些必要的社交技巧，向那些人际关系好、社交能力强的女性学习，一般说来，那些社交好的女性有一些共同特征需要借鉴和学习。

（1）对待集体方面：乐于为集体做事，有集体荣誉感。

（2）对待他人方面：坦率、直爽、刚正、耿直、平易、温和、友善、和气、慷慨、热情、豪爽、仗义、谦虚、真挚、纯朴、天真、忠厚、老实、诚实、诚恳、体贴人、同情人、关心人、爱帮助人、尊重人、善交友、人缘好、涵养好、表里如一、言行一致、一视同仁、与人为善等等，其中"爱帮助人"出现率最高也最值得学习。

（3）对待自己方面：举止大方、富有朝气。

（4）对待学习、工作、生活方面：勤劳、俭朴、学习勤奋刻苦，有钻研精神。

（5）情绪方面：稳重、文静、开朗、活泼、风趣、幽默。

（6）意志方面：办事果断，有恒心、有毅力。

另外，聪明、机灵、有才华、善于辞令、知识渊博、成绩优异、身体好、运动好、有风度也是构成社交优势的必备素质，也需要加强和培养。

总之，女性要充分发挥自身的社交优势，在这个愈来愈注重人际关系的社会中才能游刃有余，得心应手。

# 社交的基本礼仪

中国是一个历史悠久的礼仪之邦，中国的女性向来也是以礼貌待人著称的。的确，人总是有感情的，尊重人类自然的感情，令他人不感到拘束和生分，让人与人之间的关系更温馨和融洽，这是一个希望自己有魅力的女性所应当而且必须做到的。而要做到这些，就要求女性在待人接物时注意到一些应有的基本礼仪。

1. 吃饭

表达谢意。如果别人请你吃饭，席上你一定不要忘记适时地称赞主人的美意，同时表达你的感谢之意，或者你也可以提出下次回请的要求。你千万不要一味地只顾注意餐桌上的食物是否丰盛，也不要只热衷于谈笑而似乎对食物不感兴趣，这都会令主人感到自己的美意正被辜负而懊恼不已。

举止文雅。作为一个女性，吃相是很重要的。当大家坐在一起吃饭时，每一个人吃饭时的表现便自然地落在所有人的视线之中。如果你在餐桌前的举止很优雅得体，他们会对你另眼相看。要注意别吃得太急太快，咀嚼时不要出声，经常用餐巾拭净手指和嘴，用餐过程中如果需要离开桌子接电话或去洗手间，要向旁边的客人打声招呼："对不起，我很快回来。"千万不要站起来就走，那是很没有礼貌的。

如果吃东西塞了牙，喝口水先试试，实在要用牙签，也要用另一只手挡住，千万不要张着大嘴大剔特剔。如果不小心泼洒了汤汁或酒水，你要道歉说："对不起。"让服务员来收拾干净，然后轻声说："谢谢。"

一般来讲，女性在进餐前最好将口红擦得淡一些，或干脆全部擦去，以免杯沿上沾上唇印。虽然这只是一桩微不足道的小事，但能避免掉好些困扰。如果没有注意到这一点，不小心已经把口红沾到杯子上了，那你要若无其事地拭去，不要留着那个醒目的大红唇印而无动于衷。

你邀请别人时，要注意招呼周到，让每一位客人都有宾至如归的感觉，这样在谈笑风生中，大家自然感情就近了许多。

2. 握手

人们在日常的社会交往中，见面时首先要相互致意，最为通行的礼仪便是握手。

不论我们去做客还是待客，除了注意仪容整洁外，还应该把手洗净，否则会使人难堪。

如果与人见面时，你戴着手套，应把手套脱去再握手，以表示礼貌。

握手须用右手，握手时要热情，面露笑容，注意对方的眼睛，并说："您好！""欢迎您！""辛苦啦！"等亲切致意的话，切不可握手时漫不经心、东张西望。

同男人握手时，就先向男方伸手，并以轻一点儿、时间短一些为宜。

同长者或上司相见时，要等对方先伸手再与之相握。

握手时，身体可微微向前倾斜，以示尊重；用力要适当，为表示热情，则可握得稍紧些，但不可太用力，更不可握得太轻，这是一种失礼的行为。握手时间一般不宜过长，但有时碰到老同学或敬慕的客人，握手的时间长些也无妨。

在中国，女性的握手很讲究分寸，过于拘谨会使对方不快，过分随便又会让人感到轻浮。女性与人握手，首先要看对象，其次还要看场合。若对方主动伸出手来，就应迅速做出反应，不要扭扭捏捏。按一般礼节，应是女性主动伸手，男人是不应该主动伸手的。总之，女性握手应以落落大方为原则。

3. 介绍

在日常社交生活中，常常会遇到一些素不相识的宾客，怎样才能和这些初次见面的人认识呢？主要靠相互介绍或自我介绍。

介绍要亲切有礼。如果自我介绍，态度要谦虚，用词要恰当，不能自我吹嘘。如果你担任一定的领导职务，不要在介绍时夸耀自己的职称，只说我在某某单位工作就可以。如果是初次见面，过分地表现自己，容易引起对方的反感。

如果你是介绍第三者与他人互相认识的介绍人，你应先向双方打个招呼："请允许我介绍你们认识一下。"或"我介绍你们互相认识一下好吗？"然后再把双方的名字介绍一番。介绍时要注意顺序，一般应先把年幼的介绍给长者，将晚辈介绍给长辈，以表示尊重。

介绍朋友时，不能一经介绍就马上走开，应稍等片刻，引导双方交谈，等他们能比较融洽时，再托故走开；相反，在某种场合，该离开时迟迟不走也不合适，如果介绍男女朋友相识，他们有兴趣个别交谈时，你就应该及时后撤。

介绍姓名时，口齿要清楚，并做必要的说明："章经理的'章'是'立早'章。""李先生的'李'是'木子'李。"这样使对方听得明确，便于交谈。

4. 交谈

当别人说话时，我们要思想集中，眼睛望着对方，静静地听，如果心不在焉地左顾右盼，或者面带倦容，搔头掏耳，都是不礼貌的。

交谈时，要尽量让对方把话说完，不要轻易打断或插话，以示尊重。万一需要插话或打断对方的谈话时，应先征得对方的同意，用商量、请求的口气，问一声："请允许我打断一下好吗？""我提一个问题好吗？"这样可以避免对方产生你轻视他或不耐烦等误解。

同别人交谈时，态度要诚恳，切忌装腔作势，言不由衷；对别人说话中的某些不当、失误之处，不能嘲笑、讽刺，以免伤了他的自尊心。

交谈虽要真诚，但又不能百无禁忌，对别人不愿谈及的事应当尽量避开，也要尽量避免提及对方生理上的缺陷、残疾。

交谈中对某个问题发生争论时，切忌武断，少用"肯定""绝对""保证"之词，应多用"可能""也许""或者"等语句。讲话要注意分寸，不能面红耳赤，感情用事。

交谈时如果对方所谈内容你不感兴趣，话不投机而出现冷场时，不要索然无味地分手，使对方难堪，应该换个双方都感兴趣的话题谈谈。

与别人交谈还应注意时间，要照顾到对方是否有其他事情，如在夜晚交谈，一般不宜谈得过晚，应考虑对方的休息和明天是否要早起等情况。

不要喋喋不休，不要太饶舌。有些女性为了表示自己的热情，遇到人总是喜欢拽住人家说上一大堆的废话。别人可能为了礼貌虽然要去办事，却不得不硬着头皮耐心地听你饶舌，但这会让对方心里对你很反感。

不要太清高，不要太矜持。有些女性总是自我感觉过分好，总是爱摆出一副与众不同的架势，其实这是很容易招人讨厌的。别人会认为你太清高、太孤傲、太不可一世、太不好接近，于是渐渐地你就会变成孤家寡人一个了，谁也不搭理你，以免自讨没趣。

适时搭腔并适当地问话，可以有助于双方的交流。当然也不要为了说话而没话找话地瞎说一气，这反而会给对方留下一些不好的印象。

不要太沉默。有些女性比较文静内向，往往在人多的地方不太爱说话，显得比较沉默。这个习惯可一定要想办法克服掉。沉默的习惯，一方面会妨碍你与别人的交往，另一方面还可能会引起别人的误会，以为你瞧不起人。

5. 交换名片

名片是个人形象乃至单位形象的直接化身，在人际交往中可以用来证明身份、广结善缘，联络老朋友，结交新朋友。

欲使名片在人际交往中正常地发挥作用，还需在交换名片时做得得体。

首先要掌握交换名片的时机。与对方交换名片的时机有：希望认识对方；表示自己重视对方；被介绍给对方；对方提议交换名片或对方索要名片；初次登门拜访对方；欲知对方和自己的变更情况；打算获得对方的名片。

其次注意交换名片的方法。递名片时，应郑重其事。最好的是起身站立，走上前去，使用双手或者右手，将名片正面面对对方交予。切勿以左手递交名片，不要将名片举得高于胸部，不要以手指夹着名片给人。若对方是外宾，则最好将名片上印有外文文字的那一面递给对方。

6. 访友见客

访友见客时要注意仪表整洁，还要选在对方方便的时间。进门前应先按门铃或轻轻敲门。碰上有其他客人在，只需与主人和座中相识者招呼，对其他人则含笑点头致意。主人敬茶或饮料，要双手接过，并说声："谢谢!"在主人家不要东张西望或随手乱翻，要举止有礼，谈吐文雅。如果是事先约好的，要尽可能准时，而且不可失约，有特殊情况要提前打招呼。如果是一般朋友或上司家，不要逗留太长，要适时告退。如果是老朋友，那就是另一回事了。

别人来你家，你也要处处表现真诚和热情，客人来访时起立相迎，先请坐，后敬茶，家中如有水果和茶点也可端上来。与客人谈话要亲切而有分寸。如遇吃饭时间可热情留客人进餐。客人走时，要送出大门或送到附近车站。礼貌待客的原则就是：亲切、热情、真诚、周到。

社交礼仪是一个人内在涵养的体现，不可不慎重其事。

## 社交场合中女性的八种禁忌

女性要在各种社交场合给人留下美好印象，就要随时注意自己的风度与仪态。以下列举了社交场合切忌出现的八种表现，要在别人心上留下倩影的你，必须谨记。

**1. 耳语**

在众目睽睽下与同伴耳语是很不礼貌的事。耳语可被视为不信任在场人士所采取的防范措施，要是你在社交场合中总是与同伴耳语，不但会招惹别人的注视，而且会令人对你的教养表示怀疑。

**2. 失声大笑**

另一个令人觉得你没有教养的行为就是失声大笑。尽管你听到什么"惊天动地"的趣事，在社交场合，也得保持仪态，顶多报以一个灿烂笑容即止，不然就要贻笑大方了。

**3. 滔滔侃谈**

在宴会中若有男人与你攀谈，你必须保持落落大方的态度，简单回答几句即可。切忌忙不迭向人"报告"自己的身世，或向对方详加打探，要不然就会将对方吓跑，又或被视作长舌妇人了。

**4. 说长道短**

饶舌的女性肯定不是有风度教养的社交人物。就是你穿得珠光宝气，一身雍容华贵，若在社交场合说长道短揭人隐私，必定会惹人反感。再者，这种场合的"听众"虽是陌生人居多，但所谓"坏事传千里"，只怕你不礼貌不道德的形象从此传扬开去，别人——特别是男性，自然对你"敬而远之"。

**5. 大煞风景**

参加社交宴会，别人期望见到一张张可爱的笑脸，故此你内心纵然有什么悲伤，或情绪低落，表面上无论如何都应装出笑容可掬的亲切态度，周旋于当时的环境、人物之中。

**6. 木讷肃然**

在社交场合中滔滔不绝、谈论不休固然不好，但面对陌生人闭口不语也是不妙。其实，面对初次相识的陌生人，也可以由交谈几句无关紧要的话开始，待引起对方及自己谈话的兴趣时，便可自然地谈笑风生。若老坐着不说话，一脸肃穆的表情，跟欢愉的宴会气氛便格格不入了。

7. 在众目下涂脂抹粉

在大庭广众下补施脂粉、涂口红都是很不礼貌的事。要是你需要修补脸上的化妆，必须到洗手间或附近的化妆间去。

8. 忸怩忐忑

在社交场合，假如发觉有人经常注视你——特别是男性，你也要表现得从容镇静。若对方是从前跟你有过一面之缘的人，你可以自然地跟他打个招呼，但不可过分热情，或过分冷淡，免得影响风度。若对方跟你素未谋面，你也不要太过于忸怩忐忑，又或怒视对方，你可以有技巧地离开他的视线范围即可。

# 打造成功的人际关系网

人作为社会中的一员，肯定少不了与其他人相互交往。但交往并不是我们表面上看到的，仅仅是双方相互通通话而已，它应该包含更深一层的含义，那就是在交往双方之间建立一个良好的关系和友谊。而在现实生活中如何进行交往是有许多技巧和经验可循的，下面就提供一些成功与人交往的技巧，供女性朋友参考。

1. 与每个人保持积极联系

要与关系网络中的每个人保持积极联系，唯一的方式就是创造性地运用自己的日程表。记下那些对自己的关系特别重要的别人的日子，比如生日或周年庆祝等。打电话给他们，或给他们寄张卡让他们知道你心中想着他们，微信也是相互联系的不错方式。

## 2. 组建有力的人际关系核心

选几个自认为能靠得住的人组成良好、稳固、有力的人际关系的核心。首选的几个人可以包括自己的朋友、家庭成员和那些在你职业生涯中彼此联系紧密的人。他们构成你的影响力内圈，因为他们能让你发挥所长，而且彼此都希望对方成功。这里不存在钩心斗角的威胁，他们不会在背后说你坏话，并且会从心底为你着想。你与他们的相处会愉快而融洽。

## 3. 推销自己

与人交谈时尽可能地推销自己。当别人想要与你建立关系时，她们常常会问你是做什么的。如果你的回答平淡似水，比如只是一句"我是一家电脑公司的一名职员"，你就失去了一个与对方交流的机会。比较得体的回答是："我在一家电脑公司负责软件的开发工作，主要开发一些简单实用的软件程序。平时闲暇时，经常打打乒乓球、羽毛球，并且热爱写作。"在短短的几秒钟时间里，你不仅为你的回答增添了色彩，也为对方提供了几个话题，说不定其中就有对方感兴趣的。

## 4. 无益的老关系不必花太多时间维持

不要花太多时间维持对自己无甚益处的老关系。当你对职业关系有所意识，并开始选择可以助你一臂之力的人时，你可能不得不卸掉一些关系网中的额外包袱。其中或许包括那些相识已久但对你的职业生涯无所裨益的人。维持对你无甚益处的老关系只意味着时间的浪费。

## 5. 遵守关系网络守则

时刻提醒自己要遵守关系网络的规则，不是"别人能为我做什么？"而是"我能为别人做什么？"在回答别人的问题时，不妨再接着问一下："我能为你做些什么？"

## 6. 要常出现在重要场合

多出席一些重要的场合。因为重要的场合可能会同时汇聚了自己的不少老朋友，利用这个机会你可以进一步加深一些印象，同时可能还会认识不少新朋友。所以对自己关系很重要的活动，不论是升职派对，还是其女儿的婚礼。

**7. 以最快速度去祝贺他**

遇到朋友升迁或有其他喜事要记得在第一时间内赶去祝贺。当你的关系网成员升职或调到新的组织去时，祝贺他们。同时，也让他们知道你个人的情况。如果不能亲自前往祝贺的，最好也应该通过电话来表达一下自己的友谊。

**8. 富有建设性地利用自己的商务旅行**

如果你旅行的地点正好邻近你的某位关系成员，不要忘记提议和他共进午餐或晚餐。

**9. 激发强大能量**

当双方建立了稳固关系时，彼此会激发出强大能量。她们会激发对方的创造力，使彼此的灵感达到至美境界。为什么将你的影响力内圈人数限定为10人呢？因为强有力的关系需要你一个月至少维护一次，所以几个人或许已用尽你所能有的时间。

**10. 帮助他人**

如果朋友遇到困难时应及时安慰或帮助她们。当她们落入低谷时，打电话给她们。不论你关系网中谁遇到麻烦时，立即与他通话，并主动提供帮助。这是表现支持的最好方式。

**11. 别总做接受者**

在交往中不能总做接受者。如果你仅仅是个接受者，无论什么网络都会疏远你。搭建关系网络时，要做得好像你的职业生涯和个人生活都离不开它似的，因为事实上的确如此。

# 怎样接近知名人物

普通陌生人一般很难结交知名人士。若能与他们合作或与他们交上朋友那真是很荣幸也是很珍贵的。只要你有人生成功的大决心，并且方法得当，总能获得结交名人的机会，并得到他们的支持与帮助。

1. 掌握他们的各种关系

要与知名人士交往，最基础的工作就是要掌握他们的各种关系。

知名人士也是人，不是神，他有各种社会关系，有各种各样的业务工作，也有各种各样的喜好、性格特征。特别是现代媒体，经常关注一些名人的情况，从中你定会了解他们许多情况。

人都有各种各样的社会关系，名人亦如此。你可以从他的历史上认识他的过去、他的经历、他的祖辈、父辈，也可以从他的亲属、他的朋友、他的子女等等那儿认识并了解他。

从专业、业务工作上了解名人也是一条好途径。例如商界名士，他经营的范围主要是哪些，次要是哪些，他的分公司、子公司分布在什么地方，这些公司的经营者是谁，等等。

从兴趣爱好上了解名人。他喜好什么运动、什么物品、什么性格的人，他喜欢或经常参加什么聚会，他休闲、娱乐的方式有哪些，到什么地方，等等。

总之，要结交一个名人又没有机会的时候，你不妨先从以上几方面去了解，总会发现一些机会的。

2. 借助关系贴近名人

在掌握名人的各种关系之后，你要设法通过这些关系去认识名人。不要小看各种关系的作用，哪怕是名人身边的家政保姆、服务人员，没准也能替你引见呢。因此你要做个有心人，锲而不舍去动脑筋，就像攀崖运动，寻找到一切可以借助的点，向人生顶峰挺进！要利用各种名人关系，或请引见，或写信函请转交，或请推荐等，总会有成效。

3. 以内涵打动名人

和名人交往，关键还要看你自身有没有可以引起名人注意的内在素质和底蕴。各种关系只能是个渠道，使你能进入名人的圈子，而能不能进一步得到他们的提携、指引、帮助，这就需要你自己拿出一番功夫来。

倘若你仅仅是个追星族一样的崇拜者，那么接近名人之后不外乎请他签个名，合个影什么的，你还能得到什么呢？倘若你是指望名人为你的人生成功助一把力，你就得首先在与名人相关的专业上下功夫，几番磨炼后，拿出点真东西以向他们请教，和他们探讨，对方一旦发现你是个可塑的苗子或人才，没准会爱才心切，主动为你提供很多宝贵的帮助和机会呢。

年轻的艾琳娜16岁时就特别喜爱写小说，她的父母、老师也觉得这孩子颇具文学的天才。但她写出第一部小说，自己送到一家出版社后，编辑没怎么看得上眼，就退了回来。

艾琳娜并不灰心。她开始动心思寻找打开出版的大门。于是，她通过学校的老师介绍，认识了某个文学杂志社的知名作家兼主编。想不到作家仔细阅读了她的作品后，大为首肯，略作修改之后，便向一家出版社隆重举荐，并在自己的杂志上开始连载。最后，艾琳娜的处女作顺利出版，在读者中引起了热烈反响。

这个故事说明，与名人交往不可徒具形式，那叫"混圈子"。你要拿出真东西来，靠名人的台阶去跨进成功之门！

4. 制造特殊的见面氛围

当你发现了或者创造了与名人见面的机会后，最重要的便是如何制造一种特殊的会面氛围。

例如，在一次讲座举办时，你在选择位置上，一定要选择一个与名人尽可能近的位置，以便他能发现你，并且一有机会便可搭上关系。

同时，要以穿着表现自己的个性，因为与人第一次交往，别人往往是从服饰上得来第一印象。着装要表现个性、特色，使人一目了然。

要针对名人关注的事予以刺激，要尽快发现对方关心注意何事，找到适当的话题，抓住对方的注意力，刺激对方对自己的兴趣，话语要力求简洁、有独创性，使对方产生震撼，留下较为深刻的第一印象。

5. 获得名人青睐的方法

适当展示自己的学识才干是赢得名人青睐的重要方法。名人一般都喜才、爱才，如果你一贯表现出对他意见的赞同，不敢表现自己独特的见解，他可能会反感你的。因此，适当表现自己的独特见解，才会受到喜爱。当然，你不能表现得太过锋芒毕露，让人一见就觉得有喧宾夺主之感。

别出心裁送赠品是联系名人情感的重要方式。这要针对名人的具体情况，不能千篇一律。不一定昂贵就是好礼品，要赠送，就要送他特别喜爱的礼物才是。同时在赠送方式上也要别出心裁，包装样式、赠送仪式都要显得别具一格；有时，你不妨请他的太太代理，或许效果会特别的好。

写信是交流思想、联系感情的好方式。随着电讯事业的发展，手机功能的拓展，电脑技术的开发，很多人的联系方式都是通过电话、手机、电脑等，很少再以书信方式交流了。其实，人人都希望有一位朋友悄悄跟自己说话，书信便是最好的方式。在书信里你不必有过多顾虑，袒开心扉与之交流吧！也许，你只花几分钟，相当于同他交流几小时呢。因为，书信给人想象的空间很大很大。当然要注意，书信的字不能太潦草，也不能用印刷品，让人觉得很不真诚。

# 掌握谈话的技巧

女性说话应讲技巧和分寸。她所说的话是否有魅力，直接影响到她是否对对方具有吸引力，也关系到她是否具有良好的人缘。同时还影响到她能否自如地与别人说话，并表现出足够的自信。

组成说话魅力的内容是十分广泛的，你所说的内容，你说话时的选词造句，你说话的语气、语调，你说话时的身姿、手势、表情等，诸如此类的种种因素都可以反映出你说话是否有魅力。

女性怎样才能通过说话来展示自己的魅力呢？最要紧的就是要学会说话，即掌握好各种说话的技巧和艺术。

1. 恰到好处地运用"谢谢"这个词，会使你产生意想不到的魅力

你说"谢"字必须是诚心诚意，并要让人感觉到这一点。道谢时要指名道姓并且直截了当，不要含糊不清，也不要不好意思。要养成找机会感谢别人的习惯，尤其当别人没有想到时，一句出人意料的真心的感谢，会让人满心欢喜的。但要注意千万不要虚假客套，那样别人会感觉得出来，并且觉得不舒服的。

2. 尽可能地赞美他人的优点，多谈愉快的事情

赞美和鼓励会使别人对你满怀好感和谢意。当然，吹捧和奉承是会令人反感的。与别人谈话要使双方都感到愉悦，这样的谈话才有可能很好地继续下去。

3. 艺术、策略地表达不同意见

千万不要认为只有自己最伟大、最高明，当然也不要心里有意见也不说或人云亦云。要诚恳地表达自己的看法，同时又不得罪人。这就要求你说话要温和委婉，尽量不要触怒对方，给对方足够的面子，同时也让他明

白你的想法。

4. 善于了解对方的情感

只有在了解了对方的心理和情感的基础上，才有可能正确地选择该讲什么、不该讲什么，使对方与你产生共鸣，使说话的气氛变得轻松愉快。因此，我们在同别人谈话时，要根据对方的心理及时调整自己的心理和情感，注意自己的神态举止和措辞，让别人乐于听到你讲话。

5. 虚心地听别人讲话，不光是听语言，还要听语调

一个会说话的人往往也是一个高明的听众，对方才会愿意把她当做知心朋友，愿意向她吐露心扉。而一个自高自大、目中无人的人，是不会受到欢迎的。

6. 善用身体语言

你的表情、手势甚至无意中的动作，都会对别人产生作用，你要注意这一点并加以适当运用。一种表情、一个姿势、一声叹息等，会说话的人常常会用来代替难以说出的话或弥补语言的不足，表达难以言状的情感。但要注意恰到好处，过分了就成了矫揉造作、自作多情了，那会让人厌恶的。

7. 措辞尽量简洁高雅

不要讲让人难懂的词，不要滥用术语，不要说自己也不懂的话，同样的言辞不可用得太频繁，不要乱用流行语和口头禅，不要讲粗俗的话。你要尽量使用适合对方的话，尽量使用能使对方感觉轻松愉悦的话，尽量简明扼要地表达自己的意思。如果你在说话时能措辞简洁、生动、高雅又贴切，那么你就会成为一位说话好手、交际明星。

8. 尽量避免讨论别人的短处，同时也不要胡乱恭维对方

人群相聚，难免要找话题闲聊，天上的星河、地上的花草、昨天的消息、今日的新闻……往往都是绝好的谈资，何必非要东家长西家短地无事生非呢？同样，对人客气本是一大优点，但过分的客气就让人不舒服了，

会让人觉得缺乏诚意。恭维他人的话也一样，一不能乱说，二不能不分对象地套用同一个说法，三不可多说。总之，说话要谨慎。

9. 不要过分自夸

爱自我夸耀的人是找不到真正的朋友的。赞美的话，若出自别人的口，那才有价值。如果自己说过头了，别人会看不上你的。而且一般来说，人们总是对自己所经历的事情感兴趣，对与己无关的事不会太关心，因此在与别人交谈时，尽量少谈自己，不要喋喋不休地夸耀自己的工作、生活、孩子等，除非双方都感兴趣，否则还是谈点别的话题为佳。

10. 开玩笑不要过头，要适可而止

不是说相熟的朋友在一起不可以开玩笑，但在开玩笑前，先要注意你所选择的人是否能接受得起你所开的玩笑。而且普通开玩笑，说几句就罢了，不要无休无止，不可令对方难堪。因为开了一句玩笑而让大家不欢而散的话，那就没什么意思了。

11. 注意多充实自己

仅仅具备一般的谈话技巧是不够的，还要注意不断吸收各方面的知识，多读多看多听。只有这样，你才能不断有新鲜的话题，而且不论同什么人都能进行饶有兴趣的谈话。

# 办公室里的语言艺术

在办公室里与同事们交往离不开语言，但是你会不会说话呢？俗话说"一句话说得让人跳，一句话说得让人笑"，同样的目的，但表达方式不同，造成的后果也大不一样。在办公室说话要注意哪些事项呢？

1. 不要跟在别人身后人云亦云，要学会发出自己的声音

上司赏识那些有自己头脑和主见的职员。如果你经常只是别人说什么

你也说什么的话，那么你在办公室里就很容易被忽视了，你在办公室里的地位也不会很高了。有自己的头脑，不管你在公司的职位如何，你都应该发出自己的声音，应该敢于说出自己的想法。

2. 办公室里有话好好说，切忌把与人交谈当成辩论比赛

在办公室里与人相处要友善，说话态度要和气，要让人觉得有亲切感，即使是有了一定的级别，也不能用命令的口吻与别人说话。说话时，更不能用手指着对方，这样会让人觉得没有礼貌，让人有受到侮辱的感觉。虽然有时候，大家的意见不能够统一，但是有意见可以保留，对于那些原则性并不很强的问题，有没有必要争得你死我活呢？的确，有些人的口才很好，如果你要发挥自己的辩才的话，可以用在与客户的谈判上。如果一味好辩逞强，会让同事们敬而远之，久而久之，你不知不觉就成了不受欢迎的人。

3. 不要在办公室里当众炫耀自己，不要做骄傲的孔雀

如果自己的专业技术很过硬，如果你是办公室里的红人，如果上司非常赏识你，这些就能够成为你炫耀的资本了吗？骄傲使人落后，谦虚使人进步。再有能耐，在职场生涯中也应该小心谨慎，强中更有强中手，倘若哪天来了个更加能干的员工，那你一定马上成为别人的笑料。倘若哪天上司额外给了你一笔奖金，你就更不能在办公室里炫耀了，别人在一边恭喜你的同时，一边也在嫉恨你呢！

4. 办公室是工作的地方，不是互诉心事的场所

我们身边总有这样一些人，她们人特别爱侃，性子又特别直，喜欢和别人倾吐苦水。虽然这样的交谈能够很快拉近人与人之间的距离，使你们之间很快变得友善、亲切起来，但心理学家调查研究后发现，事实上，只有1%的人能够严守秘密。所以，当你的生活出现个人危机，如失恋、婚变之类，最好还是不要在办公室里随便找人倾诉；当你的工作出现危机，如工作上不顺利，对上司、同事有意见有看法，你更不应该在办公室里向

人袒露胸襟。过分的直率和"十三点"差不多，任何一个成熟的白领都不会这样"直率"的。自己的生活或工作有了问题，应该尽量避免在工作的场所里议论，不妨找几个知心朋友下班以后再找个地方好好聊。

说话要分场合、要看"人头"、要有分寸，最关键的是要得体。不卑不亢的说话态度，优雅的肢体语言，活泼俏皮的幽默语言……这些都属于语言的艺术，当然，拥有一份自信更为重要，懂得语言的艺术，恰恰能够帮助你更加自信。娴熟地使用这些语言艺术，你的职场生涯会更成功！

## 办公室交往禁忌

交往是人最基本的社会需求之一。但是交往需要掌握分寸，尽量做到恰到好处，否则便极易失度，从而影响人际交往及自身形象。那么，作为白领女性，在办公室内如何把握"度"呢？下面几点建议可供借鉴。

1. 办公室内切忌私自拉帮结派，形成小圈子

这样容易引发圈外人的对立情绪。更不要在圈内圈外散布小道消息，充当消息灵通人士，这样永远不会得到他人的真心对待，别人只会对你唯恐避之不及。

2. 忌情绪不佳，牢骚满腹

工作时应该保持高昂的情绪状态，即使遇到挫折、饱受委屈、得不到领导的信任，也不要牢骚满腹、怨气冲天。这样做的结果，只会适得其反。要么招人嫌，要么被人瞧不起。

3. 做人就要光明正大、诚实正派，人前人后不要有两张面孔

领导面前充分表现自己，办事积极主动，极尽溜拍功夫；同事或下属面前，推三阻四、爱理不理，一副予人恩惠的脸孔。长此以往，处境不妙。

4. 切忌故作姿态，举止特异

办公室内不要给人"新潮人类"的感觉，毕竟这是正式场合。无论穿衣，还是举止言谈，切忌太过前卫，给人风骚或怪异的印象，这样会招致办公室内男男女女的耻笑。同时，认定他（她）没有实际工作能力，是个吊儿郎当、行为怪异的人。

5. 改掉多嘴多舌的坏毛病

办公室里的流言蜚语都是多嘴多舌惹出来的事端，如果你的嘴不够严，就不会有人再把自己知道的东西告诉你，那么你在办公室可能就会成为最后知道新消息的人。切忌逢人诉苦，把痛苦的经历当做一谈再谈、永远不变的谈资，不免会让人避让三舍。忘记过去的伤心事，把注意力放到充满希望的未来，做一个生活的强者。这时，人们会对你投以敬佩多于怜悯的目光。

6. 不要推过于人

工作的事情都是在最开始的时候就已经分配好了的，如果事情没有做好，而你又不愿意承担自己的责任，而把责任推托到同事或搭档的身上。这样几次，同事就会对你产生失望情绪，以后就不会愿意再和你一起做事情。如果别人看到你刻苦勤快，又不油嘴滑舌，那么就会对你的工作持肯定态度，即使你的工作有一定的疏忽，你所做出的努力也是可以得到别人认同的。

7. 不要不分时间

办公室是办公的地方，如果把自己的私事带到办公室处理，或者打私人电话都是不应该的。如果在本该办公的时候和同事聊天，会让领导觉得你是一个不专心工作的人，从而给他留下不好的印象。同时，在办公室浓妆艳抹，或者穿得太过露骨也是不恰当的。

8. 不要不懂装懂

过分相信自己的能力，滔滔不绝地告诉别人你知道的事。最开始的时候别人可能会耐着性子听你说完，但是随后他可能就会厌烦，觉得这样的女人缺乏自知之明。假装有知识的唯我主义者会使人对她敬而远之

### 9. 透明竞争，不可玩弄阴招

对于你的上司来说，他们看中的是你的才能与创意可以给事业带来的活力和效益，用人的目的很明确，所以他们晋升和提薪的标准是你的业绩，采用的是透明的竞争机制，而任人唯亲或拉帮结派则是大忌。周围的同事也讨厌那些喜欢搬弄是非、玩弄阴招的人，他们更愿意与那些有才气且志趣相近的同事相处。许多的新行业需要的是团队的配合，同事时常一起加班研讨，长时间的共处，彼此更为了解，往往成为知心朋友。所以你不要抱着同事是"冤家""敌人"的成见，否则你难以立足，更难发展了。你与同事的共处原则是彼此尊重、配合，然后尽管施展你的才华，在透明竞争中求发展。

### 10. 不要把个人好恶带入办公室

你有自己的好恶，但要记住切勿将此带入职场，每个同事都与你一样有着自己的喜好，也许他们的衣着打扮或是言谈举止不是你所喜欢的，甚至为你所讨厌，你可以保持沉默，不要妄加评论，更不能以此为界，划分同类和异己，你最好能多点"兼容"。要是为此而惹恼他们，那你会树敌过多，在办公室的处境就大大不妙了。相反的，你的包容则会赢得他们对你的尊重与支持。

### 11. 避免"轻佻"举动

自尊是女性的应具有的内在品质，同时，女性还应注意检点自己的言行。不说过头的话，不做不应该做的事，时刻注意保持自己的形象。轻佻的举动会让别人产生不好的联想，如果是在领导面前做出轻佻的举动，即使是你无心的举动，也会引得品行有问题的领导产生非分之想，也会使同事们产生厌恶之感，流言蜚语也许就会相应而起。

# 不要陷进是是非非

要想当一个有魅力的女性，就千万要注意不可陷进各种是非当中去。那么，怎样才能摆脱是非的侵扰呢？有的人天生就喜欢挑起是非和争端，你不见得能把这些人从你身边剔除出去，也不见得总能避开她们，但是你总是可以有办法尽可能避免让这些人把你的生活搞糟，并尽量建立起正确的行为指导。在你不得不与是非多的女性打交道时，不妨采用以下一些方法试试。

1. 适当地对对方的看法、立场、挫折和困境表示理解

有的女性喜欢挑起是非，目的只不过是引起别人的注意。即使你只是假装对其表示同情，也可以满足其部分心理需求，这有助于你成功地摆脱对方。

2. 鼓励对方讲话，并且适当问一些有助于澄清其观点的问题

有些时候，一味地躲闪也不是办法。很多怀有敌意的是非之所以升级，就是因为一方试图阻止另一方讲话。理总是越辩越明，是是非非也是可以讲清楚的。你可以提出有助于澄清事实的问题，让对方解释清楚。对方在阐明自己的观点上花费的精力越多，剩下来挑拨是非的精力就会越少。

3. 镇定自若

假如听到有人在传播你的是是非非，或对你进行恶意中伤，你以自信而沉着的身体语言，再辅以清晰而不含敌意的注视，在此时此刻这些比任何语言都有用。你所发出的身体和视觉信号，足以让对方明白，你不会被任何夸张和不实之词所吓倒。当然，此时语言的表达也是重要的。

**4. 坚决退出**

你可以为自己设立一些理性的限制，一旦对方有什么出格的言行，你不必继续忍耐下去，而应该平静地向对方指出来。如果对方拒不改正不恰当的言行，你就说到做到，坚决退出谈话。这个办法很简单，却很有效。

**5. 有了误会要及时沟通，解释清楚**

每个人都只能根据自己的判断和理解去体会别人的意思，因此一旦有了误会或出现了问题，就要及时与有关的人员进行沟通，该问的问题要问清楚，该说的事情也要说明白；否则双方的误会被不断地放大、不断地传播，误会也就越来越深，发展下去，很可能走到极端，以至于双方反目成仇，这样的结局肯定不会是你所希望要的。

**6. 与人相处时要有一个度**

一方面，凡事只要自己能办到的，就不要把自己的责任转嫁给别人，没有人愿意替别人承担所有的责任或背负沉重的负担；另一方面，不可热心过度，总想包办对方的一切，使对方有一种被压迫感，结果只能是好心没好报，因为没有人愿意让别人的意志取代自己的意志。即使是亲如姐妹的好朋友，大家相互之间也必须留有一定的距离。

**7. 互相尊重对方的隐私**

首先是不主动探求对方的隐私。另外也要尊重自己的隐私，不要随便在别人面前谈起，因为这样的举动有点儿逼迫其他人与你一起透露隐私的意味在里面，这是不合适的。如果你不知道自己要讲的话题是不是对方的隐私，自己对这个话题又非常感兴趣，那就可以巧妙地想办法试探一下；如果属于对方的隐私，那么就此打住；如果不是对方的隐私，话题就可以开始了。

**8. 遵守公平原则**

公平是世界上最基本的原则之一，与人相处也必须遵循公平的原则。天下没有白吃的午餐。在交往的过程中，你会对自己的付出有一个总体的估价，对从他人那里获得的种种好处也有一个完整的考虑，然后将二者进行比较。如果你认为心理平衡，其他人也觉得满意，那么大家可以顺利地相处下去；否则，大家心里都会犯嘀咕，那就不好了。

9. 金钱往来要慎重

物质利益在人们的生活中有着极大的影响，双方交往时，一旦涉及金钱的事情，一定要说明白，公事公办。你首先要客观地评估一下这种金钱往来会对自己的生活带来什么影响，然后再去考虑是否同意这种往来。千万不要拿自己的钱去冒险，也不要轻易去借别人的钱，以免引起各种不必要的纠纷。

10. 与异性朋友交往要慎重

异性朋友可能会成为很谈得来的朋友，但一定要注意保持一定的距离，不可交往过密，更不可影响对方的生活。尤其是婚后，与异性朋友交往的事情不应向丈夫隐瞒，可以介绍双方认识，以避免引起误会，影响夫妻感情。最重要的是，与异性朋友交往时落落大方，既不要引起对方产生非分之想，也避免旁人产生错觉引起闲话。

11. 不要人后论是非

不要轻易谈论别人的不是，人前背后都不要议论别人，小心"祸从口出"。一般人总是容易看见别人的缺点，而对自己的毛病却浑然不觉。有些人一旦发现别人的过失，就喜欢指指点点数落一番，而常常不考虑别人的感受和别人的自尊。每个人都有自己的自尊心，旁人的指点和议论多少总会给她造成伤害，所以不要在有意或无意中伤害别人。另外，也不要轻信别人的谣传，更不要参加传播谣言，"长舌妇"的形象想必不那么好看吧，魅力就更谈不到了，恐怕只能是人见人躲。

# 客客气气解决矛盾

在人际交往的过程中,有一条最重要的法则,那就是:永远让别人感到自己重要。

实际上,这条法则体现出的是一种人与人之间的尊重,这条法则运用得好,会使人在心与心之间的距离更为贴近。在这种时候,你的一些客气话,像"谢谢""抱歉""麻烦你""拜托""请问能否""请问是否可以"等,就像清澈的润滑油,润滑每天生活的单调齿轮。点点滴滴的礼貌言行,让他人倍感自己的重要。

一个不变的事实是:每个人都有自己的长处,你需要挖掘出这些长处并且给予尊重。正如美国作家爱默生所说:"每一个我所碰到的人,都在某方面比我优秀,而在那方面,我可以向他学习。"

当你真正以谦逊之心、以欣赏之心、以包容之心对待他人时,对方一定会感到自己受到了重视,因而把你当做一个令人愉快的朋友,产生对你的亲切之感。

按照这一规则,几乎所有的社会矛盾冲突都可以在客客气气的商讨中得到解决,它包括下列方法:

1. 妥协求和法

两个人下棋,谁都不认输,当你看到赢的希望很渺茫,不妨主动说:"不行了,和棋。"这比最后真的和解了甚至输了要好。生意谈不下去,不如换个说法:"暂停。"这样,不至于造成对方反感。

2. 互相合作法

要清楚对方所需,明白双方利益所在,存同求异,找出双方都能满意的方案。这样,你好我好,和气生财,各有所获,冲突也就不复存在。

3. 以柔克刚法

当双方产生了矛盾，或者发生了冲突，也不要以强硬的方式来解决，即使你有权力、有实力，也不能强迫人。采用以柔克刚、软磨硬泡，会减少乃至降低对方的反感，即使做不成生意，也丢不了声望。

4. 从容应对法

受到取笑或者攻击，不动声色，态度从容，沉着冷静，严控自己。心理学家告诉人们制怒的有效办法就是：闭眼静坐，舌抵上牙床 3 分钟，3 分钟过后，"定会烟消云散"。

5. 转移注意法

话不投机出现僵局，你可自言自语，自我解脱，转移话题，"首先停火"。例如，可以说，"事情好商量，这个办法不行，再看看别的途径。"

6. 大度宽容法

能够容许对方与己不同之处，也不在细枝末节上争你高我低，宽容大度才能笑口常开。

7. 保持沉默法

双方发生争执，各持己见，甚至对方咄咄逼人，你也不要扭头就走，也不要火上浇油，可以坐在那里，沉默不语让对方以为你"没电了"。实际上，此时无声胜有声，他也就渐渐地泄气了，毕竟宽容之心人人有。

8. 坦然认错法

确实因你语言不当，行为不周，或者过于鲁莽、草率，伤害了人家自尊，冒犯了对方，应当老老实实、规规矩矩地诚恳道歉。"这件事错误在我，很是对不住，敬请原谅。"这样，可解决诸多尴尬。

## 巧妙摆脱男性的纠缠

有一些未婚或已婚的年轻女性在遭遇男性纠缠时，鉴于种种环境因素和思想顾虑，会因一时想不出什么好办法去摆脱这种纠缠而感到恐惧和害怕，日久便可能造成于身心不利的健康恐惧症或其他病症。遇到此类情况，女性该如何是好呢？

1. 使用无声语言法

这种方法通常是以自己手臂的活动姿势向对方暗示本人的不可冒犯。例如，当某男性欲行纠缠而走近你时，可用自己的双手交叉放在胸前，脚步退让。此法可使对方造成情感、心理上的障碍，既不让他欲行非分之礼，又不会伤害你的自尊心，两全其美。

2. 使用以攻为守法

例如，若对方开口相约，你在感到难以推脱时，不妨主动约其他同事或朋友、熟人一同前去。届时，这种以进为退的手法会很有成效。

3. 使用先礼后兵法

如果遇到你的上司或其他领导者对你产生好感，并表明或暗示其暧昧态度时，那你不妨向对方口头表明谢意，并说："你的好意我心领了，你有那么一个美满幸福的家庭和如日中天的声誉，应该珍惜呀！"这时，如果对方还未消除此种念头，仍继续纠缠你，你可把话挑明，予以拒绝。

4. 使用适可而止法

若有些男同事或认识的男性借谈公事或其他的琐事之机与你接近纠缠时，你可随机应变与他共谈公事和琐事，当公事或琐事谈完了你可借故走开，并说声"对不起"也就行了。

5. 使用孔明借箭法

如果你无对象，遭遇到男性的纠缠时，最简便的方法是向对方假说你已经有了男朋友或未婚夫，这是非常好的借口，可以避免对方纠缠。

6. 使用围魏救赵法

若你遇到经常不断来纠缠你的男性时，你可以相约家中亲人或女友来接你回家，或时常打电话找你；如果是男性同事纠缠，你可请领导帮忙解围；如果是外人，你可以请同事帮助拒绝。总之，要灵活借机避缠。

7. 使用擒贼擒王法

如果纠缠你的男性是有妇之夫，你可想法认识他的妻子，与其成为好朋友，这样就能使他不敢过分接近于你。如果他肆意伤害你或猥亵于你，你便可随时向他的妻子告一状。如果他是未成家的人或妻子远在外地的男性，你可以向他的长辈告一状，有必要的话，也可以言明找他的领导反映，这样他会受不了而自行收敛。

8. 使用激将法

对于一些已有孩子的男性，每当他有纠缠你的非分行为时，你不妨多提及他的孩子，暗示他不要有非分之想，要考虑孩子的前途和本人的名誉。

9. 使用自我保重法

有时男性的追求纠缠，往往是由于女性本身不谨慎所引起的。例如，和他人超时超分的接触、和对方单独约会、语言太随便开放、对他频频帮助和关心、主动性频繁接触，这些往往会使男性误认为你对他有好感，结果易自招麻烦。需要注意的是，自己平日行动各方面都得有所检点，特别是在男性面前，不要太过随便。

10. 使用逼上梁山法

每当你遇到对方纠缠不休而你用尽方法仍无法脱身时，你可以郑重地向他提出警告，或将他的行为揭发，或向组织报告，或向当地妇联组织以及法律部门提出请求保护自己。这是在遇到相当难以摆脱的纠缠时而不得不使用的手法。

女性在行使上列摆脱男性纠缠方法时，如果仍觉得不够理想或在环境条件不便利的情况下，就需要结合当时环境条件的特点，综合使用多种灵便的方法。最重要的是女性有自信的力量，从心理上有敢于抗争的勇气，切不能因为自己是女性而害怕丢面子，因为内心的纯洁才是你真正的面子，为了你，为了他，为了家庭的幸福，尽洁身自好之妙法才能赢得一切。

# 与陌生人相处的诀窍

同陌生人谈话是口语交际中的一大难关，处理得好，可以一见如故，相见恨晚；处理得不好，又能导致四目相对，局促无言。

怎样才能找到自己同陌生人的共同点呢？

1. 察言观色，寻找共同点

一个人的心理状态、精神追求、生活爱好等，都或多或少地要在他们的表情、服饰、谈吐、举止等方面有所表现，只要你善于观察，就会发现你们的共同点。当然，这察言观色发现的东西，还要同自己的情趣爱好相结合，自己对此也有兴趣，打破沉寂的气氛才有可能。否则，即使发现了共同点，也还会无话可讲，或讲一两句就"卡壳"。

2. 以话试探，侦察共同点

两个陌生人在一起，为了打破这沉默的局面，开口讲话是首要的，有人以招呼开场，询问对方籍贯、身份，从中获取信息；有人通过听说话口音、言辞，侦察对方情况；有的以动作开场，边帮对方做某些急需帮助的事，边以话试探；有的甚至借火吸烟，也可以发现对方特点，打开口语交际的局面。

**3. 听人介绍，猜度共同点**

你去朋友家串门，遇到有陌生人在座，作为对于二者都很熟悉的主人会马上出面为双方介绍，说明双方与主人的关系，各自的身份、工作单位，甚至个性特点爱好等，细心人从介绍中马上就可发现对方与自己有什么共同之处。这当中重要的是在听介绍时要仔细地分析认识对方，发现共同点后再在交谈中延伸，不断地发现新的共同关心的话题。

**4. 揣摩谈话，探索共同点**

为了发现陌生人同自己的共同点，可以在需要交际的人同别人谈话时留心分析、揣摩，也可以在对方和自己交谈时揣摩对方的话语，从中发现共同点。

**5. 步步深入，挖掘共同点**

发现共同点是不太难的，但这只能是谈话的初级阶段所需要的。随着交谈内容的深入，共同点会越来越多。为了使交谈更有益于对方，必须一步步地挖掘深一层的共同点，才能如愿以偿。

寻找共同点的方法还很多，比如面临共同的生活环境、共同的任务、共同的行路方向、共同的生活习惯等，只要他仔细发现，与陌生人无话可讲的局面是不难打破的。

当然即使找到了与陌生人的共同点，也很可能冷场，不妨好好学习一下避免冷场的小技巧。

（1）天气。谈论天气或季节，例如"天气真热""真冷啊"等，这样的话对谁都可以说。

（2）健康。有关健康的话题，从相互问候开始到最近关于健康的新闻或事物，这是很多人都感兴趣的话题。

（3）爱好。关于爱好或娱乐的话题，如钓鱼或高尔夫。即使你是个外行，一旦知道了对方的爱好，仍可以用提问的方式展开交谈。

（4）新闻。谈谈最近发生的事件或事故，注意尽量避免谈论政治或宗教。对女人来说，今年的流行服饰会是一个很好的话题。

（5）失败经历。谈谈自己事业上的失败。如果你坦诚地谈及自己的失败经历，对方也会说"其实，我也……"来向你吐露心声。

（6）旅游。关于旅游的话题，有时不太喜欢旅游的人对此也会感到十分新奇。

（7）朋友。关于朋友的话题，有时向对方提起自己认识的人当中有这样或那样有趣的朋友时，会意外地发现原来此人是双方共同的朋友。

（8）家庭。关于家庭的话题，谁都会不经意地提起关于结婚与否或有关家人的话题。

（9）衣着。谈论对方衣着的颜色或关于流行的话题。

（10）饮食。询问对方用餐与否。谈论各自喜欢的食品、酒类或有名的饭店等会迅速拉近双方的距离。

（11）住房。唐突地问对方住什么样的房子是很失礼的，但也可以换一种方法，比如谈谈最近买了房子或正打算买房子的朋友。


# 女性社交的三个要诀


在交际方面，女性虽然有着男人无法比拟的优势，但如果女性不会运用优势，或者具有优势而不付诸实践，就成不了真正的优势；同时，女性虽然在某些方面占有优势，但又在某些方面存在着十分明显的缺点和劣势，这些缺点和劣势不加以注意和调整，同样严重地影响着女性的全面发展。因此，女性要注意增强自身的交际能力，不断开拓自己的新生活。具体来说：

1. 要有战胜传统的心理习惯与舆论的勇气和方法

不可否认，传统观念、习惯对于女性，特别是对那些性情开朗、喜爱社会活动的女青年要苛刻严酷得多。一个男性善于交际，朋友多，是能力强、"会办事"的表现，而一个女性朋友多了，则往往流言四起，绯闻多多，给女性带来了很大的心理压力，许多女性也就是在"人言"面前却步不前，积极性受到严重的挫伤和打击。当女性在社会交往中面临沸沸"人言"的时候，该怎么办呢？可以采取以下几种方法：

（1）冷静分析，反省自身。在言过其实、捕风捉影的"人言"面前，一怒而起，火冒三丈是于事无补的，明智的办法是学会"不动声色"，冷静地分析一下出自何因：是不是自己确实存在一些缺点、毛病？有没有一些不恰当的方式方法伤了人家的感情？如果确实存在问题，则注意加以改正调整，吸取经验教训；如纯属子虚乌有，则可以不去理睬，坚定地走自己的路。在坚韧不拔的意志和勇气面前，谣言、诽谤等"人言"是不会有生命力的。

（2）讲明事实，澄清是非。对那些属于道听途说、人云亦云、添枝加叶的"人言"，必要时可以光明磊落地向人们讲清楚，也可以直接找散布"人言"者面谈，争取沟通思想，消除误会，澄清是非，使更多的人了解自己，了解真相。对于暂时解释不清楚的一些事情，也不要怕，要坚信凡是没有事实根据的流言，总是"腿短"的，最有力量的是事实本身。

（3）心胸坦荡，善于忍耐。俗话说得好："忍一时，风平浪静。"有些人信口雌黄，尤其关于男女之间的关系问题，很伤人心，有时谣言极盛，自己一时又拿不出有力的证据予以澄清，特别使人惫意抑郁。在这种时候，要想得开，放得下。全然不理、不想、不畏也是空话，但要想得开，自己把握得住自己，心胸开阔一些，忍到适当时候再加以澄清说明，当人们一旦认清了事实，会对你更加信任、更为钦佩。

（4）泰然处之，自强不息。谣言毕竟是谣言，它的生命力是不会长久的，是经不起推敲的，最好的应对之策是"走自己的路，让别人去说吧！"像鲁迅先生那样，连眼珠都不转一转！"人言"当畏而不畏，未必是勇士；"人言"不当畏而畏，则是生活中的懦夫。在"人言"面前能够泰然处之自强不息，才是生活中的强者。女性要想成就一番事业，建立自己美好的交际形象，就必须做好与世俗偏见作斗争的心理准备，化"人言"为鞭策、为动力。

2. 处理好"意外"事件

女性的社会交往，一方面容易遭到各种流言、绯闻的攻击，一方面也会受到男性的格外"青睐"，最常见的表现就是在无意中，收到一些莫名其妙的"求爱信"。这种求爱信，常常让一些尚未成熟或没有考虑此事的女性感到十分难堪，认为这是一件使人无颜面的事情，有的女性认为写信人是无赖、卑鄙的小人，这些"意外"事件使她们六神无主，甚至再不敢与异性来往。实际上，大可不必如此，男女之间互相倾慕是不可避免的，也是很平常的。假如你并无此意，可以婉言示意，表明态度，但不要以言相讥，伤害对方的自尊心，更不要做那种把别人的求爱信公之于众的蠢事。假如你的婉言拒绝仍不起作用，可以采取暂时疏远对方的办法，尽量避免增加对方的幻想。只要有理有节地做到这些，对方的感情也会渐趋平淡不致影响双方是朋友、同事的关系。除了正确处理好别人的求爱外，女性在交往中，也应该注意自己自尊、自重、自爱的立世形象，过分的虚荣、过分的热切、过分的随便，都有损自己的形象；而喜欢猜疑，喜欢喋喋不休地饶舌，喜欢耍小性子、小心眼，也会影响自己同朋友结成良好的关系。这些都是女性易犯的小毛病。有了毛病就应该及时改掉，既敢于在集体活动中表现自己的个性与爱好，也敢于在众人面前承认自己的不足，那么，人们对你也会热情有加，为有你这样的朋友而感到愉快。

生活日益丰富，人际关系日益复杂，这些都给女性提出了更高更新的要求，良好的人际关系和真诚的友谊，将帮助女性鼓起勇气，迈开双腿，笑靥长驻面对世界，去寻觅和开拓更广阔的生活领域，创造事业的成功和爱情的幸福。

### 3. 从克服自身的缺点和弱点开始

女性消极的心理与她们的生理有着一定联系的。青春期的到来，使得女性在身体上和成年人接近，但心理上却离成年人远了，她们不再像儿童时那样无所顾忌地向人敞开胸怀，而满足于保守内心的秘密，不希望有人去窥探和扰乱它。她们希望自己有单独的房间，能上锁的抽屉，喜欢在夜深人静时，或读缠绵悱恻的小说，或在日记里写下心底的悄悄话，形成了一个自我封闭的内心世界。这个时期，女性还会产生很强的自尊心，注意自己的穿戴打扮，关心别人对自己的看法评价，有的则表现为过分的孤芳自赏、过分的虚荣心等等。这种消极的心理因素，会使得她们更容易沉浸在个人生活的理想世界里，而忽略对外部世界的认识和了解，拉大自己与现代生活的距离，造成自己智力与能力正常发展的心理障碍。生活中，我们不难发现女学生比男学生更注重考试的考分，而缺乏实际能力，在爱情上，对于爱情婚姻的渴望往往胜过对事业的追求等现象，这主要就是由于消极的心理因素所造成的。所以，女性要勇敢地走向生活，培养自己的交际能力，这些自身的缺点和弱点也定要加以克服。


## 成功交际的"七个不要"


游戏有游戏的规则，社交也有社交的注意事项，只要你在交际中掌握以下的"七不要"规则，你的社交就会成功。

### 1. 不要缺乏自信心

有些女性在办公室喜欢以弱者的姿态出现，处处表现出自己需要别人的关心和帮助，常问："我这样做可以吗？是不是我做得不够完美？"她需要别人不停地鼓励和赞美，才有信心继续工作。对公司老板而言，这种人工作效率低，不宜提拔。

2. 不要嫉妒心重

女性所妒忌的对象多数是同性。她们妒忌其他女性的容貌和青春，妒忌别人的进步与成才，因而很容易产生排挤的心理。公司女老板较不愿意提升表现出色的女职员，而女职员也往往不同情女老板还要担负家务的艰辛。

3. 不要抱怨冲天

某女设计师才华横溢，工作能力也得到大家肯定，但她每天从早到晚不停地抱怨，一会儿说暖气开得不够，一会儿又骂别人误事，或一直诉说工作压力大、工作量太重等。这些话传到老板的耳里，不久该设计师被解雇了。

4. 不要言辞过于锋利

某银行女经理思维敏捷，然而她一年内换了五个秘书，原因是人家受不了她经常毫不留情的挖苦、讥笑，无法与她相处。总经理则认为她多花了很多人事费而不考虑给她加薪。

5. 不要自以为是

女性很喜欢孤芳自赏，以自我为中心。如果你对别人说什么都不感兴趣，那么别人对你失去兴趣时你也大可不必惊讶。

6. 不要过于关心自己

某些女性过于关心自己，她要求别人的观点、情绪和感情都与她一致。假若她闷闷不乐而别人兴致勃勃，她会厉声指责。别人情绪低落而她又兴高采烈时，她会强迫别人高兴。

7. 不要过分依赖别人

有些女性许多事情都不敢单独做，缺乏基本的独立自主，一开始别人还觉得自己是她唯一的保护者，但接触一多就会对她厌烦，好像孤立无援，很难从中解脱出来。对他人的依赖要有个限度，超过了这一限度而自己又意识不到，人们就会疏远你去结交新朋友。因此，不要过多依赖他人。

# 第六章　创造健康安全生存空间

## 健身让你更快乐

对年轻女性来说，运动不仅能延长青春，而且能控制体重，保持身材。但许多白领女性却往往由于种种原因不能坚持下来，甚至产生厌倦心理。其实，只要稍微调整一下自己的行为和心态，就能使健身运动持久而充满快乐。

1. 消除无法运动的借口

最常听到的不运动理由是没时间，但这和其他理由一样站不住脚，因为调查结果显示，缺乏运动恒心的人时间压力往往比规律运动者大，只不过他们处理事情的优先顺序不同罢了。为此，建议把运动计划列入记事本。如果你的运动计划常被其他琐事耽搁，或担心运动计划常被其他琐事耽搁，或担心运动使你忙碌不堪，建议你在一清早运动。

2. 运动计划保持弹性

情绪、饮食、睡眠状况，甚至工作压力都会对体能产生影响。有时候，你会觉得自己的体能水平时好时差，可适当调整运动量。长期运动的人不会给自己制定硬性目标，循序渐进地增加运动量才是最好的办法。

3. 高纤维与高蛋白饮食

如果没有摄取适当养分或足够热量，你的身体便无法正常运动，并且疲倦或无精打采。应多吃水果、蔬菜及其他碳水化合物来补充体力，并摄取足够的蛋白质来强健肌肉。此外，要记住补充水分，激烈运动后半小时内不进食，含糖饮料应避免。

4．寻找运动伙伴

参加健身运动，一个人行，两个人也行，关键看哪种方式对坚持运动有利。一般来讲，找一个或一些"玩"得来的运动伙伴，不仅可减少运动本身的单调枯燥，而且可以提高运动情趣，消除羞怯、畏难、自卑等心理障碍，激励自己坚持运动。

5．运动时保持魅力

许多有经验的运动者会预先调整心态，使身心节奏合一，运动时就不会感到生硬。运动前，不妨利用5分钟时间想象自己运动的情形，想象自己越来越健康、容光焕发的样子。运动时穿上漂亮的运动装，洒上味道清新的香水，你一样会显得女人味十足。

6．不要太苛求

人难免会走极端，以至大部分时间花在健身房，少了其他生活乐趣。与其以运动填满时间，倒不如循序渐进地使运动融入自己的生活，比如用爬楼梯代替乘电梯，踏单车代替乘公交车。这样，花在健身房的时间减少了，运动效果反而更持久。当身体状态不佳时，偶尔偷懒一两天也不为过。如果你对自己过于苛刻，休息一两天就会充满罪恶感，那么运动就成了你的负担，而非轻松愉悦的事。记住，运动是很人性的，不妨跟着感觉走。

7．倾听身体讯息

当身体受伤时，可采用其他不会使伤势恶化的运动。预防运动伤害，首先切忌运动过量。当身体发出警告（食欲缺乏、失眠、做事效率低、经常感到疲惫等），你就要修正运动计划。记住，激烈运动后的肌肉至少需休息48小时才能复原。健美教练也提醒大家：运动时必须穿舒服弹性的衣裤及鞋袜。运动姿势是否正确也会直接导致运动伤害的产生，尤其要注意渐进地进行不同难度的运动，或请专人指导。

8. 给运动添些色彩

健身运动毕竟是流汗吃苦的事，时间一长，再好的运动项目都难免变得索然无味。因此，运动时可利用各种外部条件，给单调的运动增加一些趣味，弱化人的乏味感和疲劳感。比如，跑步时专门选择弯弯曲曲、景色优美的林间小路，增加新鲜感；可戴着随身听，边跑边听喜爱的音乐，使慢跑变得有滋有味。此外还可改变运动项目，交替进行游泳、骑单车、有氧操、打网球等不同运动，营造趣味盎然的氛围，享受美好生活。

## 办公室健美操

一些运动即使在办公室，也可以完成。没有时间的你，可以选择这个让你的身体健美起来。

（1）坐在椅子边沿，让大腿和小腿成直角。把双手分开放在臀部下面，撑住身体，使臀部抬离椅子，注意保持背部挺直，并收紧臀部。

（2）肘部弯曲，让身体慢慢下沉，直到小臂和上臂形成直角。

（3）摆起身体，让手臂重新伸直。

（4）坐在椅子上，伸直身体，做一次深呼吸，紧腰收腹。保持这种姿势2至3秒钟，重复4至8次。此动作可强健腰腹肌力，预防腰背酸痛。

（5）坐在椅子上，伸直身体，两肩向后用力使背肌收紧，两肩胛骨靠拢。保持此姿势4至6秒钟，重复4至8次。此动作有强健肩背肌力和预防肩背肌酸痛之功效。

（6）坐在椅子上，两手撑住坐板，用力支撑，尽量把自己身体抬起。保持这种姿势3至4秒钟，重复4至8次。此动作有助于消除疲劳，兼有祛除腹部多余的皮下脂肪，达到健美腰围之目的。

（7）坐在椅子上，身体紧缩收腹，双手用力支撑，收紧臀大肌，并使臀部从椅子上微微抬起一点。保持这种姿势4至6秒钟，重复4至8次。此动作可强健上肢、腰腹、臀部和腿部的肌力，有预防腰痛和坐骨神经痛之功效。

（8）坐在椅子上，双腿屈膝抬起，双手抱住小腿，尽力往回使膝盖贴近胸部。重复4至8次，此动作可促进腿部血液循环，有预防下肢肿胀之功效。

（9）坐在椅子上，双手叉腰，两脚踩地，左右转动腰肢至最大幅度，重复8至12次。此动作可强健腰腹部肌力和柔韧性，防止腰痛，对于祛除腰腹部多余的皮下脂肪与健美腰围，颇见成效。

（10）坐在椅子上，双腿轮流快速屈膝向上提起，双臂屈肘于体侧，交替前后摆动。重复30次。此动作可促进全身血液循环。

当然，现在流行的广播体操也是办公室人员锻炼的不错选择。

# 消瘦女孩应该如何锻炼

锻炼没有胖瘦之分，只要合理安排运动量，调节饮食，你也可以健美起来。

比较消瘦的人在进行健美锻炼时，首先要弄清自己属于哪种消瘦。因为消瘦有单纯性消瘦和继发性消瘦之分。单纯性消瘦没有明确的内分泌疾病，继发性消瘦是由神经系统或内分泌系统的器质性病变引起的。如属继发性消瘦，则请病愈后再进行健美锻炼。

若属单纯性消瘦，那么进行健美锻炼要特别注意以下几个问题。

1. 合理安排运动量

运动量的安排是科学锻炼的重要环节之一。实践证明，消瘦者应以中等运动量（每分钟心率在130至160次之间）的有氧锻炼为宜，器械重量以中等负荷（最大肌力的 50% 至 80%）为佳。时间安排可每周练 3 次（隔天 1 次），每次 1 至 1 个半小时。每次练 8 至 10 个动作，每个动作做 3 至 4 组。做法是快收缩、稍停顿、慢伸展。连续做一组动作时间为 60 秒左右，组间间歇 20 至 60 秒，每种动作间歇 1 至 2 分钟。一般情况下，每组应能连续完成 8 至 15 次，如果每组次数达不到 8 次，可适当减轻重量；以最后两次必须用全力才能完成的动作，对肌肉组织刺激较深，"超量恢复"明显，锻炼效果极佳。

**2. 注意安全**

健美锻炼的器材都有一定的重量，不仅锻炼前后要做好准备活动和整理活动，而且要注意检查器材安装得是否牢固，以防不测。锻炼时要注意重量是否适度，切勿做力不能及的练习。使用杠铃等重器械时，要有人保护。最好是结伴锻炼，以便互相鼓励、互相帮助、互相保护。

**3. 打好基础**

消瘦者在初练阶段（两到三个月）最好能进健美培训班学习锻炼，以便正确、系统地掌握动作技术，全面提高身体素质。特别要注意肌肉力量和耐力的锻炼，逐步提高机体的适应能力，打下良好的基础。

**4. 要有重点和针对性**

消瘦者经过两到三个月锻炼后，体力会明显增强，精力也会比以前充沛。这时，应重点锻炼大肌肉群，如胸大肌、三角肌、肱二头肌、肱三头肌、背阔肌、臀大肌和股四头肌等，运动量要随时调整。另外，同一个部位的肌群可采用不同的动作、不同的器械进行锻炼，并且要使所练肌群单独收缩。随着肌肉力量和动作协调性的提高，锻炼的效果会越来越显著。一般情况下，练习动作一个半月到两个月变换一次。此外，锻炼时精神（意念）要集中于所练部位，切忌谈笑、听音乐等。所练部位肌肉的酸、胀、饱、热感越强，锻炼效果越佳。这样，再坚持半年到一年，体型就会发生显著的变化。

5. 少练耐力性运动项目

消瘦者进行健美锻炼时，最好少参加其他运动项目的锻炼，特别是耐力性项目的运动，如长跑、踢足球、打篮球等。因为这些运动消耗能量较多，不利于肌肉的增长，而且会越练越瘦。此外，平时不要做耗费精力太多的其他活动。

6. 合理的膳食

只有摄入的能量大于消耗的能量，人才能变胖。因此，消瘦者的膳食调配一定要合理、多样，不可偏食。平时除食用富含动物性蛋白质的肉、蛋、禽类外，还要适当多吃一些豆制品及赤豆、百合、蔬菜、瓜果等。只要饮食营养全面，利于消化吸收，再加上适当的健美锻炼，就能在较短时间内变得丰腴起来。

7. 坚定信心持之以恒

消瘦者要使体型由瘦变壮、丰腴健美，不是一两天、一两个月的事，凭"一时热"，想"一口吃个胖子"的练法不行，因锻炼方法不对、效果不明显而丧失信心也不行，只有坚定胜利的信心做好吃苦的准备，以高昂的情绪积极进行科学的、有计划的、坚持不懈的锻炼，才能获得最后成功。

## 容易造成亚健康的不良生活习惯

1. 熬夜成习

很多白领人尽管嘴上说"太累了"，但却总是熬夜成习。人累了就应该早点躺在床上休息。不然，久而久之对身体健康十分有害。

充足的睡眠是保证第二天精力充沛的条件，长期晚睡会形成动力定型，在大脑皮层定型，就好像某个运动员的固定打球姿势那样。要改变这种生活习惯，第一是要坚持提早睡，坚持一段时间，动力定型就会改回来。改习惯的初期可能会有些困难，除了用意志去克服外，还可以喝些牛奶，用热水泡脚，有条件可以出去沐足；睡前不做剧烈运动，不听剧烈的音乐，不喝浓茶等，晚睡的现象很快就可以改回来。

2. 有脚却不想多走路，会引发脚力退化

如今我们用不着更多步行了，即使在很近的地方也要乘车前往，压根儿就没想步行。

如果有电梯，就是上一二层楼也不愿走着上去，这样下去，脚力早晚会退化。也许大家知道脚被称为"第二心脏"。步行有助于全身的血液循环，对办公族来说，更是极好的锻炼机会。

3. 不良姿势容易引起头昏脑涨等各种不适

大脑的需氧量占全身需氧量的1/4，需血量占全身血量的1/5，依靠位于颈前外侧的左右颈总动脉将心脏输出的血液送入颅内。经常低头工作，使流向脑部的血液受限，因此由血液运去的氧及养料不足，容易引起头昏脑涨等不适。

由于长期低头工作，胸部得不到充分的扩展，肺活量小，影响氧与二氧化碳的充分交换。另外，肢体静脉中的血需要靠肌肉的收缩来协助回流到心脏。由于长期坐着工作，缺少锻炼，肌肉较弱，静脉血液容易在身体下部淤积而导致痔疮、下肢水肿等。

4. 活动过少

由于身体活动少，心脏得不到锻炼，心肌的收缩力较弱，每次心脏收缩时排出的血量减少，全身的新陈代谢低，各系统的功能都较低下，如胃肠肌肉减弱，蠕动减少，因而功能减弱，影响食欲及食物的消化和吸收，容易发生便秘、胃下垂等。另外，持续地进行脑力劳动，负责思维、语言、书写等的脑细胞，长期处于兴奋状态，容易引起神经衰弱等症状。

坚持体育锻炼，能纠正以上的弊病。它还是一种积极的休息，因为锻炼时大脑指挥运动的细胞群兴奋起来，而负责思维、语言、书写等的脑细胞则处于抑制状态，从而得到休息，因此有保护脑细胞、神经细胞的作用。由此可见，体育锻炼对脑力劳动者尤为重要。

# 预防亚健康的五种生活方式

## 1. 均衡营养

维生素 A 能促进糖蛋白的合成，而细胞膜表面的蛋白主要是糖蛋白，免疫球蛋白也是糖蛋白。因此，积极补充维生素 A 非常重要。如今很多都市人不愿吃猪肝（含有丰富的维生素 A），导致维生素 A 摄入不足，结果呼吸道上皮细胞缺乏抵抗力，平时很容易得病。

而维生素 C 缺乏，白细胞内的维生素 C 含量减少，白细胞的战斗力就会减弱，人体同样容易得病。除此之外，微量元素锌、硒、维生素 B1、B2 等含量的多少都与人体非特异性免疫功能的强弱有直接关系。

## 2. 劳逸适度

劳逸适度是健康之母。人体生物钟正常运转是健康的保证，而生物钟的"错点"便是亚健康的开始。

## 3. 经常锻炼

现代人热衷于都市生活，忙于事业，锻炼身体的时间越来越少。其实，通过加强自我运动，锻炼身体，可以提高人体对各种疾病的抵抗力。另外，广泛的兴趣爱好，会使人受益无穷，不仅能够修身养性，而且能够辅助治疗一些心理疾病。

## 4. 戒烟限酒

医学证明，吸烟时人体血管容易发生痉挛，导致局部器官血液供应减少，营养素和氧气供给减少，尤其是呼吸道黏膜得不到氧气和养料供给，抗病能力也就随之下降。因此，从健康角度来讲，吸烟确实对健康有害。

少量饮酒虽然有益健康，但嗜酒、醉酒、酗酒都会削减人体免疫功能，因此必须严格限制饮酒的量。

5. 心理健康

要学会正确对待压力，把压力看做是生活不可分割的一部分。学会适度减压，才能保持良好的心境，这对健康十分有利。

心理健康要学会减压，下面有 12 种减压的妙方：

（1）运用语言和想象放松。通过想象，训练思维"游逛"，如"蓝天白云下，我坐在平坦的绿茵草地上""我舒适地泡在浴缸里，听着优美的轻音乐"，在短时间内放松、休息，恢复精力，让自己得到精神小憩，你会觉得安详、宁静与平和。

（2）分解法。正确地认识自己，了解自己面临的压力所在，把自己工作和生活所需解决的问题，排出先后顺序，建立一份压力日记。一、二、三、四……你一旦写出来以后，就会惊人地发现，只要你"各个击破"这些所谓的压力，便可以逐渐化解。

（3）容许自己不快乐。哭，是释放压力的方式之一。情绪的潮起潮落，时高时低，都是很自然的事。女性天生就有不快乐的权利，放下所有职业的武装，卸下一切志在必得的压力。回归真实纯净的自我，流露人性中最柔软的一面。其实，女性在这个时候，是最美丽的。接受自己不快乐的事实，才能避免把自己的不快乐当做攻击别人的武器。休息一下，让自己发个呆，少做一点事，等情绪调整过来，重新出发。

（4）一读解千愁。在书的世界遨游时，一切忧愁悲伤便付诸脑后，烟消云散。读书可以使一个人在潜移默化中逐渐变得心胸开阔，气量豁达，不惧压力。

（5）拥抱大树。在澳大利亚的一些公园里，每天早晨都会看到不少人拥抱大树。这是他们用来减轻心理压力的一种方法。据称：拥抱大树可以释放体内的快乐激素，令人精神爽朗。而与之对立的肾上腺素，即压抑激素则消失。

（6）运动消气。法国出现了一种新兴的行业——运动消气中心。中心均有专业教练指导，教人们如何大喊大叫、扭毛巾、打枕头、捶沙发等，做一种运动量颇大的"减压消气操"。在这些运动中心，上下左右皆铺满了海绵，任人摸爬滚打，纵横驰骋。

（7）嗅嗅香油。香油能通过嗅觉神经，刺激或平伏人类大脑边缘系统的神经细胞，对舒缓神经紧张和心理压力很有效果。

（8）吃零食。吃零食的目的并不在于仅仅满足于肚子的饥饿需要，而在于对紧张的缓解和内心冲突的消除。当食物与嘴部皮肤接触时，一方面它能够通过皮肤神经将感觉信息传递到大脑中枢，而产生一种慰藉，使人通过与外界物体的接触而消除内心的压力；另一方面当嘴部接触食物并咀嚼和进行吞咽运动的时候，可以使人对紧张和焦虑的注意得到转移，在大脑摄食中枢产生另外的兴奋灶，从而使紧张兴奋区得到抑制，最终使身心得到放松。

（9）穿上称心的旧衣服。穿上一条平时心爱的旧裤子，再套一件宽松衫，你的心理压力不知不觉就会减轻。因为穿了很久的衣服会使人回忆起某一特定时空的感受，并深深地沉浸在缅怀过去如梦般的生活眷恋中，人的情绪也为之高涨起来。与此同时，当人们穿上自己认为非常"顺眼"的衣服，自我感觉良好时，就会重新鼓起面对现实的信心和勇气。

（10）养宠物益身心。一项心理学试验显示，当精神紧张的人观赏自养的金鱼或热带鱼在鱼缸中姿势优雅地翩翩起舞时，往往会无意识地进入"荣辱皆忘"的境界，心中的压力也大为减轻。

（11）倾诉法。假如你正身处逆境，承受着巨大的心理压力，可以找一位你最信得过的亲朋好友，把你的烦恼，你的彷徨，你的痛苦痛痛快快的倾诉一场，哪怕你的亲友除了安慰的话，其实并没有任何可以帮你走出困境的实质性办法，你也会有一种一吐为快的解脱感。

（12）难得糊涂。这是心理环境免遭侵蚀的保护膜。在一些非原则的问题上"糊涂"一下，无疑能提高心理承受的率值。避免不必要的精神痛苦和心理困惑。有了这层保护膜，会使你处惊不乱，以恬淡平和的心境对待各种生活的紧张事件。

# 女性自我保护的技巧

女性应该学些自我保护的必要技巧。概括地说，女性可以从以下几个方面着手来拒绝异性的非分之想：

## 1. 否定对方的借口

对此，女性可以设定一种情境对向自己说谎话的进行反驳，挑明其话中的漏洞，指出他们的借口无凭无据，根本不能成立，从而让这样的人自讨没趣，无法再纠缠下去。

例如，一位中年男子在酒吧对一姑娘上前搭话："我以前好像在什么地方见过你！"姑娘红着脸说："没有吧，先生。"中年男子依旧说："怎么会呢？我肯定见过你，也许就在你以前工作过的地方，而且还和你说过话呢。"姑娘急中生智说："先生你太武断了，我以前在一个人人怕去又最终不得不去的地方当过美容师，我的顾客们都不会用话来吓唬我。"那中年人顿时回过味来，再也无心纠缠下去，灰溜溜地走了。

在这个例子中，中年男子以在哪里见过对方为借口来挑逗一位姑娘。这位姑娘看穿了他的把戏，便顺其曾见过她的话，说明自己曾在殡仪馆做过美容师，见的人都是死人，这样就有力地制止了中年男子的纠缠，使其知趣地走开。

## 2. 激发对方的廉耻心

故意曲解对方的不良举动，将其理解为善意的行动，以此触动对方的廉耻心，使其不好意思再乱来。

当对方萌生了不良念头，试探性地采取初步举动时，女性朋友应该保持镇定，不要露出惶恐无助的样子，让对方认为自己软弱好欺。此时，设法激发其廉耻心是一个较好的计策，女性朋友装成不懂对方的用意，将其举动说成是善意行为，并提及他的女性家人、朋友，暗示她们也有可能受到别的男人类似的骚扰，促使其将心比心，为自己的不检点行为感到惭愧，从而不好再作进一步的侵犯。

3. 借他人之口委婉指责

在不方便直接出面指责对方不良行为的情况下，寻找第三者，采用技巧以委婉的方式提醒对方，使其意识到事情已经败露而自动放弃。

有些异性的不良行为不是当面所为，因此抓不到证据，如果直接出面进行揭露和指责的话，对方有可能反咬一口，诬蔑受害者无中生有。此时，女性朋友可以请第三者出面，以委婉的方式提醒他，纸包不住火，事情已经败露，让他不要一错再错，对方受到警告后，必然不敢肆意妄为。

4. 指出后果令其畏怯

先明确说明自己的态度，然后严肃指出对方的可耻行为将造成的严重后果，使其清醒而放弃。

被坏念头冲昏了头脑的男人常常失去理性，忘记了自己的图谋不轨会带来的恶果。因此，女性在自己的安全受到威胁时，应该义正词严地训斥对方，指出其行为违背了社会伦理道德，一意孤行只会自食其果。对方遭到一番严厉的斥责后，理智被唤醒，必然会冷静地做出正确的选择。

5. 婉言进行威胁

告诉对方自己有很强的人或集团作后盾，暗示对方如果不听劝阻，必将自食其果，使其产生畏惧心理而退却。

"一物降一物"，再色胆包天的人也不敢因为一时的冲动而得罪比他更强悍的人物或集团。因此，女性在受到不轨之徒的纠缠时，不妨找一个强有力的后盾，用"靠山"的力量来压住对方的气势，警告其不要胡作非为、自讨苦吃。对方为自己的利益着想，不会做出因小失大的事情从而打消非分之想。

# 有"把柄"被要挟时的自卫

在现实生活中，虽然有品德高尚、光明磊落、乐善好施的好人，也有怀着阴暗心理，把他人的隐私、错误当做要挟的"把柄"，以期达到个人目的的人。作为职业女性，一旦自己的隐私或错误被别有用心之人抓住，当做"把柄"对自己进行威胁、要挟时，该怎样进行自卫呢？

1. 不能采取暴力对待邪恶的方法

将他人的隐私、错误当做"把柄"来要挟，威逼满足个人邪恶的欲望，这种行为卑鄙可耻、令人难以容忍。他们的龌龊灵魂要得到鞭挞，他们的卑劣行为也要受到谴责和批评，严重的也会受到法律的制裁。正义总要惩罚邪恶，他们是占不到便宜的。因此，对付这种别有用心之人，要依靠法律，依靠组织，在法律允许的范围内，同他们进行坚决的斗争。然而，有的女性由于缺乏法律知识，却往往采取以暴力对邪恶的办法，或伤害对方，以泄积愤；或采用暴力行为，封住对方之口；或聚亲结友，打砸对方家庭……暴力惩罚要触犯法律，就会使自己从原告席走向被告台，反而加重自己的不幸。

尽管别有用心的人为了达到个人的欲望，会千方百计在女性身上打主意，找"把柄"，如果女性能加强自身修养，他们也就枉费心机了。因此，女性如何完善自身，提高法制观念，抵御各种诱惑力，少犯错误，则是预防他人利用"把柄"进行要挟，提高自己能力的根本所在。

### 2. 不要把错误看作"把柄"

每个人在一生中都难免犯一些错误，不犯错的人是不存在的。有了错误要想不被别人利用，不是不承认错误，掩盖错误，恰恰相反，应当主动承认错误，检讨错误，使自己的错误不成为他人可抓的"把柄"，从而摆脱他人设下的陷阱。某单位有位女会计，结婚时为了讲排场、摆阔气，利用职权之便，涂改单据，贪污公款 3000 元。时间不长，便被会计股长发现，他先是不作理睬，等她把钱全花光后，便找她"个别谈话"，利用她的贪污行为进行要挟，并说："这可是严重的经济犯罪呀！少说也得判几年，那时，家庭、丈夫岂不是全都毁了。只要我不说，谁也查不出来，嘿嘿……"然而她没有投入他的怀抱，严厉地拒绝了他。回家和丈夫反复商量，觉得只有主动向组织交代，才是正道。第二天，她临时借了 3000 元钱，向组织作了彻底交代。根据她的认罪态度和主动坦白交代，司法机关决定免予起诉，不追究其刑事责任。她得到宽大处理，正是由于她没有让自己的错误成为他人的"把柄"，才没有落入他人设下的陷阱。如果她屈从于他的威胁，其后果则是另一种情况。同时，自己的贪污罪行迟早会被揭露出来，而被送上被告席，那才是令人痛心的个人悲剧啊！

### 3. 不要把隐私看作"把柄"

每个人的心中都或多或少隐藏着一些既不违法，又符合道德规范，只是不愿让别人知道的个人秘密，这就是通常所谓的"隐私"。作为高级感情动物的人，都应尊重彼此的隐私权。即使是情侣之间、夫妻之间，也允许个人保留一个隐秘的小天地。不要探知、传播他人的隐私，这也是做人的道德。但是，有人则利用女性惧怕暴露自己的隐私、羞于情面的心理，把女性隐私当做"把柄"来进行要挟。面对恶人的要挟，要鼓足勇气指出对方的卑鄙行为，并及时把他的卑劣行为向有关部门告发，求得组织上对其处理，或寻求法律的帮助，保护自己的隐私权不受侵犯。

# 第七章  学会致富与理财

## 女性的经商优势

在赚钱方面，如果不是由于女性承担着过多的家务劳动的话，女性比男性有着更多的优势，这一点已经被社会心理学家所确认。据研究人员们分析，通常情况下，女性在经商赚钱方面相对于男性有八大优势：

1. 语言表达优于男性

女性在语言表达和词汇积累方面比男性强，一般女性都比男性口齿伶俐，而这正是生意人必备的条件之一。

2. 敏感度优于男性

女性在听觉、色彩、声音等方面的敏感度比男性高40%左右，在竞争激烈、信息多变的生意场上，这也是成功者必须具备的良好素质之一。

3. 记忆力强于男性

有人说："生意是一种高水平的数字游戏"，女性记忆力尤其是短期记忆力远远强于男性，在精打细算方面女性往往比男性详尽得多，这又为女性做好生意奠定了基础。

4. 富于坚持性

相比之下，女性比男性更富于坚持性。比如在同样情况下对某一件事情，女人很难改变自己的观点，男性则相反，很容易放弃自己原先的想法。这说明，女性更接近于现代企业家的良好素质要求。

5. 发散思维能力优于男性

女性发散思维能力优于男性，她们对某件事进行思维决断时，常常会设想出多种结果。而男性则习惯于沿袭一种思路想下去。发散思维能力，恰恰是新产品开发、企业形象设计等方面所要求的。

6. 直观能力比男性准确

女性似乎有一种先天赋予的特性，她们对某些事、某个人常常不用逻辑推理，单凭直觉就能准确看透，而男性在这方面则望尘莫及，这就为女性在生意场中及时捕捉机遇提供了有利条件。

7. 比男性有更大的忍耐性

同样情况下，遇同一问题，女性往往更有耐心，而男性则常常急不可待。生意人没有耐心是很难做好生意的。

8. 操作能力和协调能力都比男性强

在科技高度发达的信息时代，越来越多的行业都在使用越来越多的易于操作的电子化设备，女性在寻找工作方面开始显示出比男性更大的优越性。所以有人说：“工业时代劳动者典型形象是男性，在信息时代工作的典型形象应当是女性。”随着历史的发展，此话的真实性将得到越来越多的验证。

# 女性致富的基础

致富的基础是：

1. 正直

对所有人诚实，没有什么比你的名誉更重要。

2. 自制

控制自我，无论是懒惰、浮躁、欲望还是其他的什么东西。

3. 社交技巧

学会与人相处，包括朋友、亲人、爱人、伙伴、陌生人，还有敌人。

4. 配偶的支持

对女人尤其如此。

5. 努力工作

比大多数人更努力。

请把这五大基础写下来，放在钱包里，或者把它贴在办公桌上，不要忘了贴一张在卧室里，以便你在睡觉之前和起床之后能够复习一遍。也许你对此根本不以为然，但是如果你想成为有钱人的话，最好能将这五条法则铭记于心。

可能第一条就会让嗤之以鼻，因为你用脚趾头就能找出例子来反驳，也许残酷的生活教会你的是另一种法则：只有不择手段才能获取财富。好吧，这是一个很严肃的问题，我们无法在这样一本实用的书里讨论清楚。

不过，我们可以看看玛莎·斯图尔特，这是一个非常了不起的女性，她从一个家庭主妇成为拥有亿万资产的企业家。她从一块蛋糕做起，发展一套丛书、一本杂志、一档电视节目，在成功打造了玛莎·斯图尔特这个品牌的同时，也深深地影响了美国人的生活品味和方式。玛莎的成功代表着美国所崇敬的靠个人奋斗成功并自我实现的典型。她天才地把所有兴趣和创意都变成财富。但是，一桩仅仅价值 18 万美元的股票交易令她身陷内线交易的证券丑闻，面临最高 30 年的监禁。这个昔日人们眼中美丽优雅的偶像现在在人们的眼中几乎成了一个最虚伪的骗子。有位记者评价她说，她太自信，也太爱钱了。自信和爱钱并没有错，错的是丧失了诚信和正直。

如果你想在成功之后，没有一群保镖的跟随就不敢出门；如果你想在成功之后，不能心安理得地享受财富带给你的快乐，那么请不必记住第一条。

托马斯·斯坦利在他的新著《邻家的百万富婆》中，研究了那些通过自己的努力最终成功的女性。那些邻家的百万富婆们跟好莱坞所塑造的完全不同，没有一位认为自己的成就与外貌姣好、身材健美有什么关系，一位也没有。她们中的绝大多数都拥有传统的家庭模式，有丈夫、孩子相伴，这一方面说明财富和家庭可以兼得，另一方面说明配偶的支持是很重要的。

这些百万富婆们还有一个特点，就是勤奋，她们中的大多数不到早晨6点，就会按时起床。

## 创业前的准备步骤

有志自我创业女性在克服先天性格缺失之后，充分作好创业前准备工作，创业之路将更加顺利。

1. 制定一个明明白白的创业计划

积极地，明确地描述出自己的创业目标与理想是非常重要的。一般女性对创业意念仅只限于憧憬或幻想，"我希望我能创业，做一个独立自主女性"，却没有一个具体的步骤，也无法给自己的未来事业找到准确的定位。这就像一个足球队总是无法临门射出一脚一样，怎么会成功呢？没有创业计划的缺陷在于：首先，你无法有系统、有步骤的充实自己应具备的创业知识，不能整合与自己创业相关的资源，如资金、人际网络等；其次，没有完善的创业计划，对自身的优势、弱势没有清晰认知，贸然投身创业，对创业的风险认识不足。一旦事业顺畅，就会沾沾自喜，以为创业不过如此，容易冒进；相反，事业不顺，又缺乏克服风险的意志，轻易宣布创业失败。

在制定创业计划时，有几个问题必须明确：

（1）你要经营的是什么事业。有两位同样经营托儿所的女性创业者被人问到"你现在在做什么生意"时却有两种截然不同的答案。第一个回答说："替人家看管孩子，总比在家闲着无事好。"第二个说："我开这个托儿所有两个目标：第一，让孩子的妈妈安心地上班，不必为孩子的事烦心；第二，让孩子能够在这里快乐地成长，有个快乐的童年。"因此她每天都会抽空进修儿童心理学及儿童教养相关知识来充实自己。两个人的境界不同，结果自然也就不同。第一个人只是帮邻居带着几个小孩子，而第二个的事业规模越来越大，以至由于托养儿童越来越多，她不得不暂时婉拒增加新儿童。

（2）你的事业一两年甚至五年后是什么样子。有了一个明晰的长远计划，女性创业者在创业过程中就能以"平常心"来经营事业，遇到意想不到的困难也不会即刻就偃旗息鼓。

（3）随时注意自己所要从事的事业的新动向，新趋势，保持对潮流的敏感度将会使你开创事业时更加胸有成竹。

2. 列出目标、次序及时间表

（1）把创业所需项目（如拟定创业计划、寻求适当经营地点等）以笔记方式罗列出来。

（2）与创业相关的信息以及自己的相关思考都可以视工作性质列入相关事项中。这些琐碎的工作可能决定了你创业的成败与否。周全地考虑，事到临头才不会惊慌失措。

（3）热身运动。下海游泳的人要先进行热身运动，以使体能状况达于巅峰。道理相同，女性创业者在进行各项困难工作之前，必须让自己心情放松，借一些活动来调适心情，帮助自己集中精神，逐渐进入工作状况。成功创业的人在出发之前，习惯于把精神及注意力集中在事项进行过程的各种关键点，在心中预演一遍并写下大纲，在自己脑海中烙印下成功美景，产生自信。这样当你身临其境之时，才能收放自如，得心应手。

# 女性创业的突破口

### 1. 稳妥创业从兼职老板开始

工作有些年头了，手里也有点积蓄，暂时还没有供楼供车的打算，拿这笔钱来做点小投资恐怕是一种明智的选择。无论是野心勃勃地想要赎身，积谷防饥，为自己挣出未来的自由，还是想从事自己喜欢的事业，自己创业当然都不错。但在小事业还没有走上正轨赚大钱的时候，保险起见，还是先不要辞掉手头这份收入还不错的工作。进可攻，退可守，暂时不必依赖自己小店或小公司的收入，心态也可从容一些。等到大事已定，前途已明，再潇洒地递上辞呈，那种快意想想都令人美上心头。

### 2. 从自己熟悉和喜爱的事情做起

兼职老板可以从自己熟悉和喜爱的事情做起。女模特詹妮顾虑自己这一行吃的是青春饭，所以她没有像许多同行那样奢侈挥霍，而是早早地就储蓄准备做兼职老板。从哪儿入手呢？她选择开时装店。首次创业，她选了自己熟悉的行业，这一方面避免了在黑暗中摸索的过程，另一方面，自然就是有很多朋友可以帮衬。虽然只是小店，但是在筹备和开张阶段，还是要全情投入。时间的冲突就成为一个问题。詹妮选择了模特演出的淡季开张，她亲自坐镇了三个月，让小店走上了正轨。赚钱吗？当然，她第一个月就开始赚钱，这让她自己都有些意外。

### 3. 最适合女性创业的五个行业

女性的性格特点，是观察力敏锐，感觉细腻，并往往比男性更坚韧，所以以下几个行业，可以作为女性创业的参考：

（1）创意服务类。以创意、执行为主要工作内容的职业，适合需要自由不受拘束的创意工作者，由于在工作地点上非常具有弹性，因此也适合想兼顾家庭的 SOHO 族，包括企划、公关、多媒体设计制作、翻译编辑、服装造型设计、文字工作、广告、音乐创作、摄影、口译等。

（2）专业咨询类。以提供专业意见，并以口才、沟通能力取胜的行业，由于工作内容与场所都富有高度弹性，因此跑单帮游走各家企业或成立工作室的可行性也极高，包括企业经营管理顾问、旅游资讯服务、心理咨询、专业讲师、美容咨询顾问等。

（3）科技服务类。在网络及电脑科技如此发达的情况下，拥有相关专长创业机会相当多，包括软件设计、网页设计、网站规划、网络营销、科技文件翻译、科技公关等。

（4）补教照顾类。提供儿童教养与老人看护的服务，包括才艺班、幼儿园、居家护理、家事服务等。

（5）生活服务类。主要以店面经营方式，可分为独立开店与加盟两种。较适合之业种包括西点面包店、咖啡店、中西餐饮速食店、服饰店、金饰珠宝店、鞋店、居家用品店、体育用品店、书籍文具租售店、视听娱乐产品租售店、美容护肤店、花店、宠物店、便利商店等。

4. 女性创业注意事项

（1）无论哪个行业，决定要开之前，先要做个预算，不做超出资金范围的投资，要对流动资金有概念和清醒认识。

（2）具备基本财务常识，必要时要学习补充。

（3）定位很重要，对所经营的事业要综合考量。除了要选准项目之外，你的经营思路和特色也很重要。

（4）赚钱与否，心态最重要，它是调整经营的重要杠杆之一。

# 如何进行投资

许多女性一想到把剩余的钱拿去做投资，就不知如何是好。大多数的女性因为必须常常精打细算，所以非常了解金钱的价值，有家务上的预算更使女性了解金钱的可贵。话虽如此，女性还是很怕决定投资或财务上的事务。由于男人在商业上的行为，使女性误以为投资是很复杂的事。其实，赚钱很简单，不比别的事复杂。决定投资事宜之前，先找出相关的事实与选择，配合可靠的会计师或财务专家，或与其他人讨论她们的财务规划。此外，阅读书报上的财务资讯也是很重要的。

1. 买自己的房子

如果你卖了原来的住房，最好在你卖房子的同时再买一幢房子，拥有自己的资产能使你感到安全、稳定。买房子也是一种投资，房地产过一段时间总是会涨一点的。买个好地点，事前做好市场调查是必要的，然而价钱不要超过自己所能负担的范围。如果你把自己的需求拿给几家中介公司，你就可以找到合意而又付得起的房子。这也许是你第一次一个人处理自己资产买卖的事，你大可从中学习。下面就是一位女性通过房地产买卖致富的经历：

佳·桑玛士，一个年薪原来不到3万美金的教师，发现投资房地产并非高所得者的专利。她既非会计师，对房地产也一无所知，但目前，她在房地产上的资产总值已超过百万。当然，你也可以办到。

根据佳的做法，中收入者可以利用出租房地产的投资，在10年内赚进百万。关键在于将房地产投资视为长期投资，也可视为顺应潮流的退休金制度。

步骤包括利用有效率的贷款、二次贷款等方式，来创造一种长期的投资。只要你拥有自己的家，就可以运用这种贷款方式创造财富。

即使你的家只是小小一个单位，你也可以利用它来购买另一个出租用的房地产。我相信这是很好的投资，不管已婚或未婚女性，都可使用这种方法创造未来。许多自力更生的女性都有一种沦为乞妇的恐惧，她们担心自己到头来一无所有，只能睡在公园的长板凳上乞讨过活！如果你不立刻采取行动，也许你真会有那么一天。你必须立刻行动，不是两年内或10年内，而是现在。

2. 抵押

设定抵押应该多比较，选择能迅速偿还贷款的项目。如果你能自由偿还本金，则可省下很多利息。多找几家银行比较他们的抵押方式与利率。

3. 开创事业

你可以开创自己的事业作为后盾，而且也能创造周转金。当你决定做什么之后，就要做计划，并拿给财务顾问与银行经理过目。投入资金之前务必先做市场调查，且必须确认你的点子是可行的。

要与银行经理发展生意关系，与他分享你的财务状况及对未来的展望，因为这些过程务必有他的配合才行。尽可能别用自己的住房做担保。待你的生意上轨道之后，仍须与银行经理保持密切联系，别忘了把你每个月的最新情况提供给他。

4. 储蓄策略

永远保留一些钱为急用经费。不管你赚多少，永远存一点起来。最好是存下10%的利润，先把该存的存起来，然后才付账单。储蓄以定存为宜，利息收入再投入储蓄本金。你可以利用一点一滴累积的储蓄，作为紧急之用或用于特殊场合。

下面是一些省钱的技巧，只要巧妙安排，加上很好的市场调研即可。

（1）一星期上一次超市。日常用品列表记录，遇缺才补。

（2）尽可能别带小孩逛街购物。

（3）谨守日常用品存货表，勿胡乱添购。

（4）设法在同一时间、地点购买新鲜水果、蔬菜、肉与杂货。

（5）购买一些你喜欢的折扣品，当礼物备用。

（6）今日的市场为顾客至上，注意比价，寻找最合理的价格。

## 家庭理财的方法

每个家庭都有自己的物质生活标准，都有自己特有的财务问题。即使在一个家庭里，家庭各个成员也都有各自不同的需求，基于这些因素，有关储蓄、购房、保险等问题就不存在固定不变的答案。要回答这些问题，必须视具体情况而定。

虽然对个人财务问题没有精确的金额数字答案，但仍有一些常识性的原则可以遵循。下面是一些精通理财之道的成功女性的经验之谈。

1. 确定你的合理支出

要确定现有的收入应该花在哪些地方，至少要收集过去半年的花费记录，然后，按下列的科目分类，分别划入各项开支：

固定支出。包括：每月的房屋租金或物业管理费、水电费（按每月基本用量计）、煤气费（按每月基本用量计）、电话费（按每月基本用量计）、取暖费（平均每月用量）、贷款偿还（每月平均数）等。

非固定支出。包括：食物（每月平均）、家庭生活用品（每月平均）、家庭佣工（每月平均）、个人开销（每月平均卫生清洁费用）、衣物被褥（每月平均）、交通费用支出（每月平均）、家庭设施维修费等（每月平均）、医疗费用（每月平均）、娱乐消遣（每月平均）、交际费用（每月平均）、书报费（每月平均）、储蓄（每月平均）和其他支出（每月平均）。

在这里，我们使用了固定支出这一专用名词，但即使是"固定"的，也仍然有可能是变化的。固定支出包括一些基本的决定，在这个意义上说，这些基本决定为其他的财务计划打下了基础，而且，这也是实行财务控制所必需的步骤。

一个人大部分固定支出，在回答下面三个问题之后，都可以被确定下来：

（1）他应该购买还是应该租赁一套住宅？

（2）他应该拥有多少人寿保险？

（3）在什么情况下，他应该借或是买某件东西？

对许多家庭来说，有时租借住宅，有时则自行购买。无论租借还是购买，两者各有利弊，这要根据你的具体情况灵活决定。

2. 把钱花在事业上

一个满怀雄心壮志的人，应该为增加自己的成功机会而慷慨地花钱。在获得一定程度的成功之前，他在满足个人享乐方面的开销，应该像个守财奴似的小气。

这就意味着，他应该尽可能优先考虑摆在他面前的这类开支，例如，参加一个自我提高课程的学习，加入一个有利于自己事业发展的俱乐部等；而对另一类花费，如夜生活、赛车、快艇等，则应该十分吝啬。如果他首先考虑满足事业上的需要，那么，其他方面的生活内容也将逐渐丰富起来。

这个有关花钱的忠告，不仅对那些在企业中刚刚准备起步的人，而且对那些已经顺利进行其事业的人都有其指导意义。一个真正希望成功的人，应该把时间和精力花在事业上，不应耗费在毫无意义的消遣上。那些已经成功的人之所以成功，是因为他们把事业摆在了首位。

3. 准备一笔应急储蓄

随着一个人年龄的增长，他对家庭所负的责任也逐渐加重。家庭日益增加的吃用、医疗、娱乐、交通和接受教育等各方面的开支，都要靠他的收入来满足。但有些时候，他所拟定的最合适的家庭收支计划，可能被一次未曾预料到的突发事故所损坏，甚至被永久地毁灭掉。即使他为了防止意外事故给自己上了部分保险，也会因为对飞来横祸毫无准备而摔倒。因此，对任何一个人来说，都需要应急储蓄，就像一个企业公司，为意外开销或负债而保持一定的储备金一样。

4. 为未来投资

一个企业的所有者，或它的经理，总是将所得的利润进行再投资，扩大再生产，以发展他的事业。一个人也一样，他的财产增长，取决于他的能力和他是否乐意将他的部分收入进行再投资。这种投资可以采取多种形式：银行存折、一定形式的人寿保险、租金收入、股票、公共债券、终身或临时的商业或企业保险等。

任何一个希望精明地管理资金的人，首先必须对自己所处的财政状况了如指掌。他应该清楚，哪些是自己的，哪些是别人的；他有哪些收入，这些收入用于何处。他了解了这个底细，就可以着手准确地找出他财务中存在的问题，然后采取措施，改善他的财政状况。

# 现代女性的消费热点

现代女性已不再扮演旧式的省吃俭用型的女性角色，她们的生活消费方式发生了根本性的变化，也就是说正由温饱型消费向发展型、享受型消费转变。她们不仅涉足社交界，而且颇具撞击力地摇撼着商界……呈现出多元化、智能化和个性化的消费特征。对女性心理与女性的都市生活状态深有研究的专家们，大体列出了现代女性消费六大"热点"：

1. 驾驶家用旅行车上路，将是平民主妇们推崇的假日旅行方式之一

一辆空间狭小、经济实用、顶上可以绑扎行李的小型家用旅行车，有

4 至 6 个座位，有较大的储备箱，它的外形介于小轿车与微型面包车之间，或租或买，驾驶旅行，尽享快乐。

**2. 都市女性成为网上阅读或网上购物的主力军**

重要的不是这种阅读或购买比直接的阅读或购买是否更便捷还是更费周折的问题，而是因为它体现了时尚的刺激性——它使你明确自己在消费中的坐标，使你感知自己是否已站在生活的前列。

**3. 休闲文化消费增多**

由于女性收入的增多，加上双休日，就有了更多的休闲时光去参加各种文化体育旅游等活动。随着这些活动，休闲文化更为繁荣。目前，各种女子俱乐部、健美训练班、各种旅游组织的兴起，形成了一种非常引人入胜的新市场。许多女性越来越觉得各种女子俱乐部、保龄球馆、健美训练班、旅游等场所是益智、交友、冶情的好去处，一到双休日，都是聚集一堂，踊跃参与。

**4. 女性美的投入一高再高**

在人们生活得到满足之后，美的价值在生活中直线上升，尤其是城市的女性们大量地投资在自身美的提高上，使其成为生活中真正的亮点。经济优裕的女性还开始品尝形象定位的乐趣。

**5. 越来越多的女性意识到其独处空间的重要**

与父母或公婆住在一起的年轻夫妇，开始在家与单位之间另租一个单元房，来建造属于自己的二人世界。

**6. 餐桌上的消费大幅度提高**

目前，现代女性在膳食结构上正在发生巨大变化。一是随着生活条件的改善和生活水平的提高，女性已注重早餐质量；二是家外餐。为适应现代快节奏的生活发展的需要，有相当部分的女性不得不在外面吃工作餐，且对工作餐的要求越来越高，讲品质、讲品位；三是野外餐。城市女性在双休日外出较多，在野外就餐既讲方便，更讲营养；四是会餐。城市女性经常邀请同事、同学或邻里好友聚在一起，品尝一些山珍海味，尤其是收入不菲的职业女性，在这上面的投资更大。

# 女性消费防范

### 1. 情绪主导的消费性格

很多女性都爱寻找自我平衡。在工作上和家庭中遇到不高兴的事就会到商场去买下大批物品，以缓解心中的怒气。

日常生活中，不称心如意的事在所难免，为了平衡情绪，花点钱消消气也无可厚非。若碰到大金额的产品，容易情绪化的女性可得当心了。尤其面对房地产买卖，动辄百千万，其间谈判的差价相当惊人。如果是在心情不佳，尤其怄气时贸然做出决定，事后再捶胸顿足，已然无济于事。

### 2. 时间主导的消费特性

许多商家都有这样的经验：大体说来，中午以前几乎做不到生意。到了下午，情况就有些不同了，有些客人会停下来和你沟通沟通，双向式聊聊产品，而且也多少有些消费。但很奇怪的是，一到晚上，情况就完全改变了！客人会很爽快地掏出腰包取货走人。更妙的是，还会追加消费，只要稍微促销一下，她会很干脆地顺便买下原先计划以外的东西。

现在，我们可以得出这样的结论：女性似乎在晚上的抗拒力较弱，警觉性也较差，所以谈起生意来较好沟通，对价钱也不再那么敏感，是生理因素使然，或天性如此，则不得而知。而白天和晚上的消费金额又大有不同，白天买的都是一般性的低金额日常消费品，晚上则大都是相对高价的奢侈性商品。

女性越到晚上，意志力愈薄弱，也愈容易被说服、打动。这时去购物，当然会"吃亏"！

### 3. 矛盾心理主导的消费特征

女性容易在考虑不周的情况下贸然出价，等商家同意她的出价时，又开始找理由搪塞、推脱掉。

奉劝常常在小金融商品买卖上"杀价寻求快感"的女性面对购买大金融商品时，例如车子、房子，还是不要随便在这方面开玩笑找乐趣。不要以为出低价一定买不到就乱出价。这种上万元产品的生意，思考模式不完全是成本加利润＝售价的。在不景气时，能省利息就是赚钱，不要将小金额买卖的思考模式套用在大金额买卖上，省得惹出一场大笑话不说，且损人又不利己。

### 4. 虚荣心主导的消费现象

女性爱美、爱高消费，大都是虚荣心在作怪。

表面上看起来，相对于男人而言，女性似乎是最温顺、最与世无争的动物。其实不然，女性一旦发起威来，有时会使男性甘拜下风，而一旦钩心斗角起来，心眼之多，出人意料。

以买房子这种单纯不过的事来说，只要沾上了女性的虚荣心问题，可能就会很复杂，于是产生了下列三种情况：

朋友有的东西，我也要有，朋友有了房子，所以我也要有房子。

别人的房子布置得像行宫，那我的房子至少得像"皇宫"。

只要能胜过别人，其他的问题都不重要。

### 5. 后悔心理主导的消费倾向

买到价钱便宜的商品，往往是女性最爱向人夸耀的时候，而那些花高价钱买了同样商品的女性通常就会冒出这么一句：

"早知道我就……"

问题是，通常"早知道"只是代表提早知道当了"冤大头"而已！

一女士到商场买音响。由于品牌繁多，加上自己又不内行，就听老板的建议锁定了某品牌。然而她接受老板对品牌的建议，老板可不接受她对价钱的建议，2000 元，一个子儿也不肯少。为了表示对自己商品的信心，老板一再保证："同类同型同款，若你在别家找到比我低的价钱，请拿回来，保证无条件全额退还！"

随后，她又在商场里四周闲逛，在另一家电器行看到一台完全相同的音响，便很顺口地问道："这一台要多少钱？"

"1500 元，有兴趣的话，还可再少一点。"

她立刻掉头找老板理论，要求退货还款，或退款 500 元。

"不可能，这二者年份不同，所以价钱不一样。"

一旦"早"知道，通常都是"太晚了"！小东西还可以说"早知道"，如果是 5 万或 50 万的商品，就没有"早知道"了！

## 你的消费态度怎么样

假设你进了一家古董店，里面有五件物品你都喜欢，可是碍于经济能力，因此只能先买一件，你会选择下列哪一件（从你的选择中，可以看出你的消费观念）。

A. 闹钟

B. 钱包

C. 油灯

D. 烛台

E. 暖壶

选择的规律代表了不同的消费观念：

A. 你是很有金钱观念的人，每一分钱都会花在最有用的地方，决不会主动购物而事后又后悔，理财储蓄也相当有一套，既不会过于吝啬，又懂得花钱的艺术，是个能够享用人生的聪明人。

B. 你是个性强、豪爽的人，对赚钱很有一套，所以也称得上富有，但由于喜欢玩股票、投资期货……不知不觉中就把钱花光了，如果你能够稍微节制一下，有计划地储蓄，那样会更好。

C. 你是个爱幻想而不切实际的人，有时候可能会感觉金钱的重要而积极存钱，但三分钟热度过后马上主动放弃，没有什么金钱观，所有财务交由别人管理的话比较妥当。

D. 你认为赚钱的目的就是消费，所以只要渴望拥有的东西均会不计金额的高低将它买下，这或许也是你的虚荣心在作祟吧！如果不节制一点，等到支出大于收入时，想要收敛就很难了！

E. 你是个非常节俭的人，因为你认为金钱的重要性胜过一切，所以你几乎不怎么花钱，在别人眼中你是个守财奴、小气鬼，也由于一毛不拔的金钱观使你错失了许多赚钱的机会，请特别注意。

# 第八章　恋爱中的女孩

## 讨人喜欢的十种好性格

每个女孩，无论长相如何都希望自己有魅力，也都在或多或少地营造着自己的魅力。就魅力本身而言，除了女性青春靓丽的外貌，更深层的东西则是女孩的性格。性格良好的女孩，有时即使长相一般，但她辐射出的"魅力射线"也足以射杀很多男士的心。

经一家网站的公开调查结果显示，人们公认为以下 10 种好性格的女孩最有魅力。

1. 一个永远长不大、胸无城府的快乐女孩

她自然、纯真的天性影响着周围的每一个人，她热爱生活、无拘无束，随心所欲又有些漫不经心。她讨厌艰涩和故作深刻。要让她执着、沉迷于某一件事实在是太难了。

2. 开朗自信的女孩永远是男人生活中的一道风景

这类女孩喜欢豪华、热闹的生活，以施展她社交明星的魅力。她无须去做深沉的思考，也从不理会生活以外的东西，她为她自己而沉醉。

3. 一个性格温淑平和的中产阶级知识女性

她外表质朴、自然、不事雕琢，内心浪漫，与世无争，强调个性却不

张扬。只有能够进她内心的人才能真正了解她，也才能为她所欣赏。她的气质和教养是她丰富内心的流露，也是与别人拉开距离的原因。

**4. 安详亲善的贤妻良母**

她温柔、内敛、善解人意，安静、沉着、细腻，注重生活细节，热爱儿童。家庭是她的人生乐趣。教养和良好的经济条件，使她超越了琐碎和庸俗，她从不羡慕男人和事业女性，只专心又平和地折着手里的纸鹤。

**5. 奔放、潇洒、热烈、不羁的多情女性**

她让你联想起一切浓烈和快节奏的感受，她一向简洁、痛快的作风容不得半点纠缠。她的心太大也太高，于是凡俗琐事便一概被她忽略掉了，但骨子里的性感和精神上的细腻却擦抹不去。

**6. 物质与精神的双重贵族**

她从不因为物质的满足而放弃精神的追求，相反是物质基础使她更有实力建构自己的精神世界。她洞悉一切的成熟，使她在亦庄亦谐中游刃有余。

**7. 聪明睿智而又富于理性**

她意志坚强，说一不二，喜欢把握局面，聪明而善用头脑，很少感情用事，不会因冲动而铸错。她独立而事业有成，她像男人一样活着，却懂得适度施展女性魅力。

**8. 一个容易满足的生活型女性**

她对生活的要求并不太高，喜欢轻松、愉快、富足地活着，不愿意压力和波澜。安于现状和乐观的天性使她能够将青春延续。她单纯而敏感，有较好的人缘。

**9. 她是女人中的女人**

她既古典又浪漫，充满诱惑又不邪恶，美是她的理想。世俗生活离她那么遥远，仿佛她来到这个世界，只为作一个女人。

10. 一个富丽堂皇的女人

她的华丽与她的高贵气质一样引人注目，在盛大的场合总是有她出尽风头。她喜欢那种众星捧月的感觉，她征服世界的方式是去征服男人。

## 看透男性的法则

茫茫人海中遇到了心上人，由相识到相知，你真的了解他吗？下面的方法，你不妨通过性格、工作、朋友、价值观四个范畴，好好分析对方，以尽可能正确认识对方。

1. 好男人的性格有自己的特点，这一点你需要清楚

（1）说话实事求是，有个人见解。有些男人专门"吹牛"，喜欢自我卖弄；有些男人则会在言谈间借由别人的地位和声誉来炫耀自己，说自己认识某某政要、名媛。真正的好男人，能够用自己的语言表达自己见解，而这些见解往往是积极向前而有独创性的。

（2）会听取别人意见。听取别人意见，不代表他做事没有立场、无主见，反之，他有开放而宽大的心胸，加上独立的思考，才可以把意见收集后取其优而行。

（3）干什么都有兴趣。下班之后总是会疲累，但每次你叫他去看戏、吃饭，或者跟你去参加一些课程，他总是提不起劲，就表示这个人没有干劲，更不懂得生活的乐趣。

2. 好男人的工作态度也与众不同

（1）是否不停换工作。关键在于他为什么换工作和以什么方式换工作。如果他三番五次的连下一份工作都没找到就夹着尾巴逃离旧公司，表示他没有面对新环境和困难的能力，也不是一个有责任感的人。

（2）重视工作、事业。要有上进心，还要懂得分配作息时间，工作时

能尽心尽力，发挥自己最大才能，到假日也能真正抛开工作，轻松玩乐，才可以为下一个工作做最好的准备。

（3）公事包的内容。公事包中是一沓沓漫画书、杂志，还是一本专业书籍？一个人是否上进好学、求知欲强，由他的私人物件便可得知。

3. 看这个男人在同性间的表现

（1）聊天时有幽默感。一个有幽默感的人，会令朋友间的相聚充满情趣和笑声，也能开展情侣间沟通和交流的管道，在社交界中无往不利。

（2）在男性中有声望。如果他受到男性长辈的青睐，看好他能成为下一代接班人，表示他工作能力强，稳重而有耐性；如果得到后辈、下属的崇拜，代表他有多方面的兴趣和才能，做事有魄力，且敢于承担。

（3）充满朝气，能对朋友有正面影响。有朝气、有活力的人，做事干净利落，下决定时当机立断的态度，往往能对周围的朋友起正面的影响。当你遇到困难不快时，这样的朋友就如大海中的浮板。

# 抓住男人心的恋爱秘诀

男女之间的感情，若能同时在彼此心湖中激起"美丽"的震荡，爱情便由此萌芽了。

活泼、生动、有朝气的爱情可以产生新的自我，男性与女性之间，爱人就会被爱，被爱就会更爱人，这种心意交流就是恋爱。

在恋爱中，技巧的"表演"乃是必须的。在恋爱的路途上，不妨制造一点儿戏剧性的情节。恋爱中的人，大都很自然地运用一些策略。

下面，就介绍一些抓住男人心的恋爱秘诀。

你若想快乐地享受恋爱中的约会时光，就必须仔细计算与他见面的时间，否则万一发生意想不到的麻烦，两人尚未充分交谈，却已到了分开时间，那多煞风景呀！

**1. 两人的约会时间应该有 3~5 个小时**

时间太短，讲不了几句话；而时间太长，他也会烦恼该如何招待你，同时经济负担还会加重。最愉快的约会，莫过于依照彼此的生活条件以及相互能适应的情况去实施。以下的时间不妨做个参考：下午 2 点左右约会，看场电影，吃顿晚饭，7 点左右分手。由于共进晚餐，可使恋情盈满心胸，就连整个夜晚也能萦绕不断。另外，也可以上午见面，共进午餐，然后于黄昏漫步、在夕阳下回家。约会次数多了以后，即可任意调整了。

**2. 在恋爱中，电话（手机）具有很大的用处**

当两人不能见面时，只有靠电话传达感情。因此，你的声音、语调及说话方法，都非常重要。而且，面对面说不出来的心声，倒是可以在电话中轻松地倾诉！特别是在信息技术发达的新时代，以手机为个人联系主要工具，通话、信息、微信、甚至 QQ 都拓宽了交流的渠道。

当然，用电话联络也有缺点。因为两人不能见面，有时恰好心绪不佳或有旁人在场，无法畅所欲言，这都可能让对方产生误会，所以有时得小心谨慎，依他的声调判断他的心情与处境，就不致误会了。

使用电话（手机）联系时要注意打电话的时间。最好不要在对方上班的时间打，应等到下午快上班时再拨过去，因为此时对方已休息过，精神极佳，而且下午的工作尚未进入状态，不至于打扰对方的工作，对方也能有较充裕的时间与你交谈。多为对方着想，才是真爱与体贴的表现。

**3. 假如晚间想去他家，时间约在 9 点至 9 点半之间最合适**

这个时间就是想"打情骂俏"，或说些卿卿我我的话，都甚为适宜。

当男性开始恋爱时，往往会感到困惑与迷惘。因为他们一向以自我生活为主，一旦恋爱了，就会不知所措，不晓得如何适应。也就是说，对自己的人生信心有点儿动摇。最主要的，还是他深恐自己所爱慕的女孩儿不爱他，于是感到不安。

同时，男性往往会担心情敌的出现。这是由恋爱而加深的妒忌感，担心情敌夺走了女友，使自己丧失信心的缘故。

男性一旦堕入情网，对所有事物都会敏感起来，往往一件小事，都会让他烦恼重重。所以说，女性因恋爱而坚强，男性却因恋爱而软弱。这一点，聪明的女性应该充分理解，才能掌握恋爱的真谛。

# 从习惯透视男人个性

有些男性心口不一，总令女人伤心；有些男性风度翩翩，但却感情不专一；有些男性天真纯美，却如花丛中的蝴蝶；有些男性温柔浪漫，却是致命的危险杀手。为什么女性真心诚意的付出，却常换来一个伤心故事？为什么我们的关怀亲近，却仍瞧不清男性的多变？其实——一个敏锐的女性会从男性的衣着预测他的心情；一个善解人意的女性会从男性的小动作了解他的需要；一个聪明的女性会从男性的小习惯判断他值不值得爱。而你要学会的是：如何从习惯透视他是怎样的男性。

1. 他总是衣冠楚楚，就连吃饭过程中也会拿纸巾频频抹嘴

不难猜出他的西装必定时时笔挺，西装、领带、鞋子、袜子，甚至是公文包都会配得好好的，可能公文包中总是随身携带最新的财经杂志及可以上网的手机，好时时弥补自己略显不足的信息学识。他应该是一个狂热的工作分子，眼中只有精确的数字及完整的企划方针，他的人生要求绝对的完美与精确，就连吃饭时可能沾上嘴边的油渍及饭粒，也不容许稍停留片刻。

他的生活除了赚钱之外，就是吃饭及睡觉，而他的生活哲学之一就是："想成功的人一定要时时保有完美的外表。"也许，有一天你可能会在一家安静的高级酒吧看见他的踪影，但他也可能只是安静地坐在一旁，

喝着他那无聊的酒，什么也不做。

如果你对他有兴趣，千万别一下子就靠得太近；放点儿电，让他觉得心有点儿痒痒痛痛却又有点儿担心出师失误的同时，你就成功了一半！

切记，这种男性喜欢有挑战性的方向及目标，他最爱的女性是得不到的女性！

2. 他的眼神余光总是偷偷滑过每一个从他身边走过的美丽女性

他是有点儿绅士风度的人，人不会长得太差，对自己也有一定程度的自信。他身边不乏漂亮的女性，但奇怪的是，他们通常不会有太长久的恋情，即使他一心想定下来，也始终因为某些不成文的条件给反击了回去，所以这种人大多晚婚，甚至无法结婚。

他待人不错，唯一的缺点是视线从来无法固定在同一事物上太久，总是在每个可能的空间中游移，追寻走过的每一缕醺香及经过的每一段婀娜。最有趣的是，他只用余光看人，因为他以为这样是比较礼貌，而且不会被人发现的。

如果你爱上这样一个男性，除了记得修身养性外，也要好好注重自己的身材外表，用曲线美与女人香吸引他落入你的陷阱中，或许会拥有一段颇浪漫的恋情。

你不用怕他花心或搞外遇，毕竟用余光看人的人，胆子不会太大！

3. 不管年纪多大，只要看到电动玩具或抓娃娃机他总要试试手气

他老以为自己是《射雕英雄传》中的周伯通，童心赤赤，永远玩得比别人凶，没有任何东西比"好玩"更引起他兴趣了！

这种人最受女性欢迎，却也堪称终结杀手。他带着你玩遍天下之乐事，享受人生无穷之欢愉。他的柔情蜜语是如此的真诚。这一分钟把你抱得喘不过气来，信誓旦旦地告诉你，没有你的日子他过不下去，非要你答应和他终身厮守不可；下一分钟，看到新鲜玩意，自己又拍拍屁股玩耍去了。而正当你气得不可开交或另结新欢时，他又突然出现在你眼前，没事

一般地说他想你。你气他、怨他，却始终无法怪他，毕竟他还是个孩子呀！爱上他的女性，但愿你有无穷的母爱，包容这个随时会离家出走的孩子！

4. 无论何时何地，他都喜欢牵着你的手

温柔的男性，不论他外表帅不帅、口袋有没有钱，只要他看上的女性，几乎都会被他的柔情所融化。他也许会为你煮饭洗衣；在你疲倦时，为你做舒缓的按摩；在你半夜突发奇想看看海时，开几个小时的车带你去听潮；他愿意时时与你相伴，陪你做任何你想做的事，他将他的柔情绵绵密密地不停传送给你，让你习惯被宠爱、习惯有依赖，仿佛你就是世界上最幸福的女性！

但是你要小心这种男性爱得深，忌妒心及占有欲同样也高人一等，除非你用你的一辈子回答他心中永远不安的问号；否则，他也随时可能因为觉得受伤而在你身边瞬间消失。

5. 他总是不自觉地照镜子、用手拨头发

他是一个不容许有一丝发丝垂落于脸上，或有一小点儿头皮屑飘到衣服上的人，他不一定有内涵，但是他绝对重视面子。他很细心，某些心思比女性还女性。也许你会觉得他很体贴，总是愿意陪你逛街买衣服，而对流行时尚敏感度极高的他，亦是你最佳的造型顾问，当然，他也会"顺便"为自己添些东西。他甚至会为你设计发型、为你做整体造型，让你光鲜亮丽。

或许他能自信地为你决定一切外在装扮，但对他自己而言，别人的建议与赞美却永远比自己的眼光判断来得有效。

聪明的女性能够通过一些微小的习惯，透视男人的内心世界。当你遇到上面五种男人的任何一种时，聪明的你一定会抓住他，让他成为你的俘虏。

## 恋爱的技巧

如果问女性什么时候最美，每个人都会回答恋爱中的女性最美。是的，恋爱中的女性的确迷人。但也有人说恋爱中的女性智商等于0。是的，因为她们整日浸泡在爱情的蜜罐中，脸上总洋溢着幸福的喜悦，她们没有心思去注意周围的事物，她们的眼中全都是自己的爱人。

但是，恋爱要想取得成功，光有"满腔热情"是不够的，还要掌握一些恋爱的技巧。

1. 体贴

每一个男性都渴望自己的爱人体贴自己，尤其用在情绪低沉的男性身上更是有效。切记不要"体贴"过头，想把男性的什么事情都弄清楚，结果让男性觉得失去自由。

2. 爱美

不要相信只要人品好，性格好就可以找到好男人，记住女性的美丽在男性心目中永远是第一位的。当然美丽不等于一定要天生丽质，精心的打扮是女性美丽的直接保证。

3. 醋劲

有时女性的醋劲，会让男性更有满足的感觉，切记不要变成"醋坛子"。完全空穴来风的话，反而会使男性对爱情产生不安全感。

4. 烹饪技巧

"留住男人的心，要先留住男人的胃"这话是至理名言。不会做饭的话，买本菜谱赶快学上两招，也管用呢。

5. 节约

相恋时还不重要，但若谈论婚姻时，就成为选择重点了。所以一定要花钱适度，不要让他觉得你不会过日子。

6. 背叛性

偶尔为他带一点刺激，让他知道你可是有很多人追的，让他紧张一下，对恋爱也有益处。

7. 小鸟依人

时常表示你很在乎他，不能没有他，使男人陶醉。切勿老提，不然会让他觉得你很麻烦，日后闹不好会甩不掉的。

8. 蛮横性

不要事事顺着他，有时要耍点小脾气，因为男人是容易被宠坏的，尤其对于婚后的生活有利，当然也要适度。

9. 害羞度

女性的羞涩是男性最愿看到的，女友绯红的两颊是吸引男性的一张王牌。切记不要表现出什么都不论的"豪情"。

# 爱的五种语言

两个来自不同生长背景的人要朝夕相处一生一世，摩擦与冲突是在所难免的。如何突破婚姻的瓶颈，如何建立一个健康的沟通方式，如何营造和谐幸福的婚姻，都是走入婚姻的女性需要学习的课题。

其实幸福的秘诀很简单，只要你爱他，你就能找到与他相处的最佳方式。

爱需要行动表达。爱是人与人之间最珍贵的情感，知道被爱是人最深切的需要，爱要让对方知道，而且要用对方可以了解、喜欢的方式，爱不只是口头禅，爱是需要在每天的生活小节中表达的；"爱的语言"不需要很华丽，但是需要很实际。

在忙忙碌碌的生活和营营役役的日子中，人们的心灵渐渐干涸，渐渐忘记该如何对身边关爱自己的人表达出内心的感受。长期下去，我们的心会越来越冷，可能会丧失关心和爱的能力。其实要表达出自己内心的爱意和关心并不难，首先不要再用"繁忙"来做借口，而是真正拿出一点点时间来细细思考和观察，你所爱的人需要何种关爱。无论是爱人或亲人，只要能仔细聆听和了解对方的语言，那么就等于搭建起双方心灵之间互通的桥梁。反之，尽管煞费苦心，内心深藏着满腔的爱意，由于爱的语言表达错误，就无法充分满足对方爱的需要。所以，了解究竟什么是"爱的语言"才能令我们与所爱的人重新建立起良好的关系。

1. 肯定的语言

用你的语言去肯定对方。用鼓励、赞赏的话语去建造和成就对方。这样也是正面表达你内心感受的机会，让对方感觉到你的褒扬。人内心最深处的需求可能就是被欣赏被赞美的需求。所以，对你所爱的人给予赞美，他那孩子般的笑容就是对你最大的回报。

2. 礼物

不需要很贵重的，这样的礼物不是用金钱来衡量的，只是表达你在想念和牵挂着对方，以物传情；最好是自己亲手制作的，花费一番心思的成果更有意义。

你自己也是一份礼物，当他需要你时，你就在那里陪伴他。

3. 服侍的行为

为对方服务，例如做家务、端茶递水，等等。比如说，从来都不在家中做家务的你，突然为自己的父母或者爱人亲自下厨，精心制作一顿可口的饭菜，这样的表现会令对方久久难以忘怀，而且这样比在外面请吃饭的做法更加亲近和密切，更能表达出你的爱护。

4. 美好的时光

定期抽出一段时间与所爱、所关心的人互相交流，了解其所需所想，给予对方密切的注意力。这段时光必须是百分之百投入的，最好不要有任何工作上的事情或者繁杂事情干扰。把注意力集中在对方身上，全心全意跟他一起做些他喜欢的事。把全部的注意力放在他的身上，说话，倾听，活动，做一切你们爱做的事，要注意的是，大家在一起看电视，并不算美好时光，因为相互之间并没有任何的沟通和交谈；反而，聚餐、散步、度假，都可以成为美好时光，因为在这样一段时间里，你们大家能够有充分的时间相处。

5. 肢体语言

包括握手、拥抱、亲吻等，是一种身体之间的接触和交流。对所爱的人施予适当的肢体语言，有时更胜过千言万语。最适合你的爱的语言，是在你接受的时候倍感舒适的。

以上五种爱的语言中，哪一种将成为你所拥有的主要语言呢？把自己爱的语言告诉所爱的人，也需要用心去了解、发现自己所爱的人希望接受哪一种爱的语言，这点也是非常重要的。有时候，个人习惯于用自己喜欢的语言向对方表达爱意，却不知道这并不是对方最乐意接受的。只有彼此熟知对方爱的语言，才真正拥有表达爱的空间，爱的语言，打开幸福之门的密码，才能有助于彼此爱的建立与成长。

# 做情感独立的女孩

有很多这样的女性：有独特的气质和个性，有独到的见解和思维，在工作中，即使不算事业有成，也称得上独当一面。可她们还是脆弱的，被情感、家庭和自身的弱点所折磨。她们可以把工作安排得很好，但却不能安排好自己的感情。

女性凭什么独立于世？

做到经济独立、身体解放就足够了吗？

也许对现代女性来说，情感独立才是最重要的功课。

感情是美好的，但享受和沉浸其中一定要理智。当我们的亲密关系进展顺利的时候，我们会让它更好；当我们的亲密关系出现问题时，我们有能力去应对并且改善它。爱一个人，到底要不要为他做出牺牲？做出多大限度的牺牲？这样就可以更好地维系你们的亲密关系吗？其实，你的牺牲在他眼里，也许是一种负担，是亲密关系所无法承受的负担。

也许平行的关系更安全。

**1. 做符合你自己心愿的选择**

这就意味着：你所做出的所有决定，都必须符合你自己的心愿，符合你自己心愿的选择才能成为最可靠的、真正的选择，你才有可能在情感关系中拥有真正的平等，也才能最终赢得对方的尊重，你们之间的爱才具有张力。

可通常的情形是：爱情来临的时候，我们充满舍己和牺牲的冲动，为爱缴出自由、缴出道德、缴出信念，甚至缴出生命都浑然不觉。其实，牺牲个性不等于贤惠，没有主见也不是温柔，一味糊涂并不可爱，哪个肩膀也不能给你绝对的安全。做好自己，维系你们亲密关系的砝码反而会加重。在这一点上，男性要清醒得多。所以，不要让牺牲这个词，成为你不去前行的借口。

**2. 不要把爱抓得太紧**

彼此有爱，又不以互相占有为条件，才能保证你的婚姻既扯得开，又拉不断。爱，有时会使我们的占有和被占有带上朦胧的美感，但实际上，爱情从来不属于占有欲太强的人，婚姻更不是任何人的避难所。听朋友说起过下水救人的经历，溺水的人通常是见了救星就紧紧抓住，这很危险，会把两个人都拉下水。其实最可靠的法子是放开手，想获救，就得相信来救你的人。越怕失去的东西，就越容易失去。所以，越是想得到的东西，就越得放开手。

3. 适当示弱，给爱一些柔情的滋润

爱一个人，就别绷着自己。其实独立与依赖，就好比天秤的两个极端，两极对峙和头重脚轻，都不合适，只有两人踩到一个点上，独立与依赖对等的时候，才能保持情感的平衡。一个情感独立的女性，不代表她在精神和情感上不需要男人的关怀。恰当地示弱，是爱恋的必须。过于刻意的独立，会让我们失去作为女性应该得到的呵护与关爱。所以，在独立与依赖之间，关键在于能不能找到一个适合两人的情感尺度。

独立与依赖、成熟与稚嫩的分界线就在于此。

4. 把握好依赖和独立的尺寸

现在人们很强调女性的独立性，以此来区别与完全依赖丈夫的传统女性。过去女人完全依赖男人，责任在社会。可去掉了社会原因，是否就完全不依赖了呢？大自然的安排就是要男人和女人互相依赖的，谁也离不了谁。由男人的眼光看，一个太依赖的女人是可怜的，一个太独立的女人却是可怕的，和她们在一起生活都累，最好是既独立，又依赖，人格上独立，生活中依赖，这样的女人才是可爱的，和她在一起生活既轻松又有情趣。

一个男人，帮自己喜欢的女人干点什么，有些时候让她颐指气使地差遣一下，是非常幸福和滋润的，如果一个女人不懂得在一定的时候惹起男人的爱怜的话，她的可爱程度就要低得多。但不可太过，太过就变成依赖了。

情感依赖的五种表现：

（1）整个人的重心全在对方身上，对方一离开，自己就失重，情感脆弱，希望他每时每刻都待在自己身边。

（2）不能忍受分离，一分开就往坏处想，爱猜忌。

（3）害怕矛盾、害怕争吵，发生很正常的矛盾都受不了。

（4）沉浸在爱情中，放松工作，不求上进。

（5）遇到任何问题，都要在第一时间告诉对方。出了问题，责任一律推给对方，认为对方有义务为她解决。

5. 做一个纯粹而完整的人

情感独立，从这个意义上来说，与性别无关。因为它意味着不被任何外部环境左右、不介意他人的看法、按照个人意愿选择自己喜欢的适合自己的生存方式。

情感独立，仿佛我们为爱情投一份意外伤害险，我们祝愿自己永远得不到保险的回报，但我们却要一直心甘情愿继续投保。

# 第九章　享受幸福美满婚姻

## 帮丈夫确定目标

帮他决定将来的方向。

相爱并不是双目对视——应该是朝同一个方向投视。

一位妻子所能协助丈夫的，便是帮助他找出对生命的渴求，然后她才能与之精心合作，实现这些理想。

快乐的婚姻需要共同的理想。至于理想是什么并不重要，一幢新房子，一趟到欧洲的旅行，或是一个大家庭，共同分享一个理想才是重要的。

主要的是，对眼前有所希望，然后尽其所能使它实现。快乐、情趣、参与感由构思、幻想和希望得之，从共享胜利与失望、成功与失败里得之。

没有人能够不瞄准使命中成功的靶心。瞄准，即使我们会有一点偏失，但是这样至少比我们闭上眼睛盲目射击更接近靶心。

郝基斯说："混淆不清是忧虑的主因。"

混淆不清是忧虑的主因——它是成功的最大绊脚石之一。因此帮助丈夫出人头地的第一步，便是鼓励他为生命找到重心，立下一个目标。

成功对你丈夫及你的意义是什么？财富？名望？安全感？权力？为大众服务？满意的工作？

这正是你和你丈夫应该回答的一些问题。因为成功对不同的人有着不同的意义。找出成功对你的意义是什么，再决定你生命的目标。

做妻子的应该清楚地了解丈夫的目标，并帮助他达成那些目标。不幸的是，有许多例子表明，当双方都有所准备打算开工时，却发现方向相左。

假如你的丈夫知道自己的志向，不要以为这就够了，你也应该加入他那长期的计划。

"相爱并不是双目对视——应该是朝同一个方向投视。"不管这句话是谁说的，但是它的确是对有抱负的夫妇最好的忠告。成功的秘诀是：帮助你的丈夫决定他的方向。

## 做好丈夫的助手

如果你是一位在单位出类拔萃、在家贤惠懂事的女性，那你就一定能够当好丈夫的助手，并帮助他结交朋友，而且受到大家普遍的喜爱。那么该怎样做好丈夫的助手呢？

专家提出了以下三个方法：

### 1. 可以使丈夫受人喜爱

如果有个男人并不受人欢迎，他妻子的态度能够对他有所帮助吗？当然是可以的。有一个男人在社交上并不受欢迎，只是因为他的妻子风度好，大家才忍受他。这个男人傲慢自大，喜好争辩，缺乏耐心。但是，当她的太太把丈夫不愉快的童年生活讲给朋友听以后，朋友们对于他的厌恶感，就转变成同情心了。

2. 可以使丈夫表现他的才华

事实上，有些女性认为让丈夫受欢迎就是要炫耀自己，这种观点是错误的。聪明的女性知道使用其他更好的方法。

使丈夫引起别人的兴趣和注意力，安排让丈夫表现他所拥有的任何特殊才华。每天待办的业务工作，使人很难有机会展现出压倒大众的才能，但是宴会却是最完美的机会。

周先生是一位小学教师，同时也是一位天才的业余魔术师。来到他家里的宾客，常常会受招待观赏一场即兴的魔术表演。周先生是表演明星，而他的妻子小赵就充当助手——有时候他们的两个小儿子也帮忙和助阵。

这些这么有吸引力的男性，很幸运地拥有这种愿意隐藏自己的妻子，让社交场合里的注意力完全集中在她们的丈夫身上。她们把自己压抑下来，使丈夫出人头地，她们情愿扮演次要角色，结果换来了家庭的和谐，这比起他们两人同时表现出各自的优点，得到了更深更远的美满。

3. 可以使丈夫表现出最大优点

有的男性是一个称职的工作者，但一遇到社交问题就无计可施了，这种事情是常会发生的。他没有谈天的经验，也不知道应该从何说起。一个机灵的妻子就是这种男人最好的朋友了。她能够很自然地引领自己的丈夫参加谈话，使丈夫毫无困难地接着说下去。

这世界上最害羞的人，如果谈起了他最感兴趣的事情，也就不会再畏缩了。

有位年轻女士告诉她的朋友，她如何改变她丈夫从一名少言寡语的男人变成一个喜爱参加宴会的人。"王刚一向是个热心、受人喜爱的人，"她说道，"但是，只有他亲近的朋友才知道，他很少主动去认识新朋友。他的自我意识，使他看起来冷漠而毫不开心。我希望人们会喜欢和重视他。

"提醒他注意到这种情况，只会使他更加难过而已。所以我想出了一个计划，要在他不知情的状况下帮助他。不管我们到哪里去，我就想办法找个喜爱摄影的人。摄影是王刚的嗜好，我把这个人介绍给王刚，让他们成为摄影的好友。

"谈论互相醉心的嗜好，很容易地就能使王刚忘记了他自己，他能够表现出他真正的个性。逐渐地，当他谈起其他话题时，也会感到容易多了。我时常把他将要碰到的新朋友做个重点提示，使他有些谈话线索。

"由于我做了这些小努力，王刚的整个社交面貌都改变了。现在他很喜欢参加宴会，认识新朋友。家人们认为这是一个奇迹。当人们告诉我：'你知道，你丈夫实在了不起'的时候，我觉得非常骄傲和快乐。"

可见妻子对丈夫的帮助非常之大，让我们用爱心和智慧去做一个丈夫的好助手吧。

## 助夫成功的十个细节

如果你是一位善解人意的妻子，你应该了解关心丈夫的事业和生活。丈夫成功了，你的婚姻、生活无疑也上了一个台阶。但究竟如何去帮助丈夫呢？以下十个提示或许会对你有所帮助。

### 1. 不乱猜疑

虽然你认为自己的丈夫很有吸引力，值得女人追求，但是这并不是说，他周围的女人尤其是他的女秘书就会把他当成目标。女秘书对于老板的欣赏，通常都是不会动真情的。

当丈夫的公司发生业务问题，丈夫不得不加班时，做妻子的要谅解。要知道，丈夫和女秘书正在办公桌前绞尽脑汁，而不是跑到夜总会喝香槟去了。如果丈夫和女秘书一起工作，而不是独自一个人，当妻子的应该感到庆幸才对，因为她知道有人将会在适当的时候提醒他到外面吃点儿东西。

### 2. 鼓励丈夫不断进取

如果你丈夫在做"学生",你的丈夫做好升级的准备了吗?如果还没有,他目前正在为升级做些什么努力?而作为他的妻子的你,又做过多少努力呢?

大家都希望在工作 5 年、10 年或 15 年以后能够升级,但是很少有人在刚刚步入社会的时候,就已经具有担任高职位的能力。他们必须一面工作一面学习,同时从经验和特殊训练之中学习。

### 3. 维护丈夫的人缘

表现友善与和气的妻子,是丈夫无价的资产。工作繁忙的男人,常常因为太专心于工作上的事情,而没有办法建立起增进生活情趣、温暖的人际关系。如果他的妻子无论走到哪里都能够制造出一种温暖的气氛,那么他将是多么的幸运。像这样的一个女人,在丈夫事业向前迈进的时候,永远也不会被遗落在背后。她是她的丈夫选派到世界各地去的亲善大使。

### 4. 尽量不唠叨

如果你也相信唠叨对男人的工作和成功有大的障碍,你是不是也想知道,有没有什么补救的方法?

是的,如果爱唠叨的女人能够了解它所带来的痛苦,并且真心想要改过的话,快去问你丈夫。如果他告诉你,你是个唠叨的人,请不要马上愤怒地否认——这只能证明他的看法没错而已。相反地,你要立刻采取办法改正这个缺点。以下的建议可能对你有益:

(1)取得丈夫和家人的合作。每当你将要愤怒地下达严格的命令,或是对发生的问题喋喋不休的时候,请他们罚你两毛钱。

(2)训练自己把话只讲一遍——然后就忘掉它。

(3)想办法使用温和的方式达到目的。

(4)培养出一种幽默感。

（5）冷静地讨论重大的不愉快事件。

（6）你可以对自己不唠叨就能达到目的的能力感到骄傲。

（7）学习和练习人际关系的艺术。

就像那首歌唱的那样，你不能用一把枪套牢一个男人，当然也不能用唠叨的话来套住他。那样做，只会破坏他的精神，毁灭你自己的幸福而已。

5. 不要对丈夫提出超负荷的要求

作为一个好妻子，一定要让丈夫满足于自己能力范围以内的工作，不要费尽心力去争取超出他自己能力的成就。有这样一些妻子们——她们要自己的丈夫永不休止地努力，以争取比她们的邻居赚更多的钱、更好的名声和更高的生活水准。

"这种女人，"史坦克隆博士说，"天生就是求名逐利的人，或是因为受到熏陶才有了这种特性。我曾经接触过这种女人，她们破坏了许多家庭的幸福。"

因此，妻子应允许自己的丈夫去发挥他那天赋的自我，不要设法强迫他进入自己所预见的属于"成功"的观念模式里。

如果你希望你的丈夫获得最高的成就，你就鼓励他、爱他、刺激他，和他一起工作。

但是一定要当心，别把他逼得太急，或者是迫使他做超越自己能力的工作。

6. 迎合丈夫的嗜好

有一些寂寞不快乐的妻子，她们常常抱怨自己的丈夫把大部分愉快的周末浪费在高尔夫球场上。

那你为什么不参加到他的行列中去呢？妻子如果学会了在丈夫的休闲娱乐之中得到乐趣，就不会被丈夫撇下不管了。你的丈夫会到别的地方去玩乐，而留下你单独一个人吗？如果他这样做了，也许他是一个无可救药的自私自利者，也许是因为你没有不怕麻烦地学习，把家庭变成一个可休闲消遣的快乐天地。

7. 给丈夫一个舒服的家

当你的家需要一件新家具或是重新装饰的时候，你应该询问丈夫的意见，共同决定，不要只是把付款单交给他而已。为了买下你丈夫想要的摇椅，你必须放弃你心爱的古典式沙发。也许你会埋怨，但是，通常你会发觉，他对家的喜爱和你是同样深的——而且，如果他对于发生的事情拥有更多的决定权，家对他的意义将会更加重大。

如果他想亲自下厨做菜，不妨星期天晚上让他在厨房里自由发挥——虽然他会留下堆积如山的锅碗碟盆之类，让你为他清洗。

男人对于家庭的关心，和妻子是同样大的。他需要一种感觉，觉得家庭没有他就不是完整的了。

妻子不可陷进庞杂单调的家务里，忘了家事的真正目的：为我们心里最爱的丈夫创造出一个充满爱情的、安全的和舒适的小岛。

8. 经常夸奖丈夫

谦虚的男人不喜欢自夸——但如果他的妻子吹嘘夸奖他一番，只要她保持良好的风度，丈夫也能接受。

9. 注意丈夫的饮食

注意丈夫的体重，就像注意自己的体重那样小心。称一称丈夫的体重，看看他有没有超重。如果他超重了，请医师为他开一张菜单。

千万不可以让他自行减肥，或是服用大量的减肥药。在使用任何减肥方法以前，一定要去看医生，听医生的意见。

为了配合医师的处方，要尽自己的最大能力把给丈夫吃的食物做得美味可口。不可以老是无可奈何地告诉他，这是为了他的身体好。尽量让丈夫的减肥食物色、香、味俱全。

**10. 在丈夫需要的时候陪伴他**

当丈夫想要换上拖鞋休息一会儿的时候，你却穿好衣服想要出门，这是不行的。具有爱心的妻子，应该先了解自己丈夫每天在外面工作后的需要，然后才是自己的需要。妻子在一生中慷慨地奉献给丈夫的爱情，难道丈夫就会不知道感谢吗？

如果没有爱情，男人成功又有什么意思呢？缺乏爱情，财富和权势也就等于废物和灰烬了。如果你的丈夫从你真挚的爱情里得到了安心和幸福，那么，他带给你更高的生活水准的机会也就大大增加了。

# 永固爱情的黄金准则

夫妻之间的感情是维持婚姻的关键。德国《妇女》双周杂志曾登载了美国一位心理学家通过长期对保持幸福关系的1000多对夫妇的多年调查，总结出了使爱情永固的14条黄金准则。做妻子的可以学习一下爱情永固的研究成果，或许对你的夫妻生活有些启发。

1. 倾听对方的谈话

大部分被调查者在谈他们的配偶时都热情洋溢地说，他（她）这样做不是出于礼貌，而是出于真正的兴趣，因此，应当给对方一个感觉，他（她）真的是很重要的，尽管他（她）谈的都是一些"小"事情。

2. 小心谨慎

幸福就像玻璃，很容易破碎。因此，你的行为举止每日都应当是这样——似乎你是刚刚做出决定，要把你的未来交给他似的，你应当向他表明，你们之间的爱情使你多么快乐。

3. 皮肤接触

一天没有温情，婚姻关系就会缩短两日。夫妇之间也不必经常拥抱，但是，充满爱意的抚摸是对心灵的安慰剂。

**4. 表达感情**

对婚姻来说，感情就是鲜花所需要的水。没有感情，夫妻关系就会破裂。但是，夫妻双方也必须学会表达感情，而且应当鼓励对方做同样的事情，即表达出感情来。

**5. 恭维对方**

应当每天都这样做，向对方说些体贴的话，谈他的外貌啦，谈他的笑啦，谈同他一起的生活啦，等等。你投之以桃，他会报之以李。

**6. 相互保护**

夫妻两人在私下里说什么都无所谓，但是在公共场合，你们俩原则上是一个整体。如果你们中的一个受到攻击，另一个要帮他。

**7. 信任**

妻子可以以此检验一种关系的价值——他是否真的能够对对方不抱戒心，真的能够表里如一。在别人面前，夫妻大多扮演同一个角色，但在夫妻之间就不必这样做。夫妻俩的表现越是自然和坦率，就会收到越多的纯真的坦诚的回报。这条准则在夫妻共同生活中是必不可少的。

**8. 要有耐心**

必须使关系不断加深发展。但是信任并非一朝一夕能够产生的，必须有耐心，许多夫妻恰恰是头几年犯这样的错误：即对对方的期望太快、太多。你应当清楚，去认识和了解对方要假以时日。

**9. 要真诚**

如果丈夫做的一些事情不合你的意，那么，你应当和他谈谈，把事情摊开谈。也许不必马上就和丈夫谈，更不是以争吵的方式谈，而是可以加倍地去爱丈夫，在心平气和的情况下相互交谈，而且要做到无话不谈。不然的话，丈夫又怎能知道，你喜欢什么，不喜欢什么呢？这也适用于性爱。

10. 原谅缺点

人人都有缺点、弱点，应当允许丈夫有一些缺点和弱点。你应当微笑着原谅丈夫的缺点和弱点。凡是坚持这样做的人，就拥有通往幸福的入场券。

11. 乐于给丈夫空间

老爱打听丈夫在干什么，没有任何东西比这更有损于婚姻的关系了。别这样做！任何人都有权利做自己非常愿意做的事情。

12. 不要监护

夫妻双方早就长大成人，你可以对丈夫进行循循善诱的劝说，但不要对其进行监护。丈夫甚至有犯错误的权利。

13. 减轻负担

每个人都有不顺心的时候。夫妻之间相互开导，就能让两颗心紧密地连接在一起。

14. 不要在争吵中入睡

应当遵守睡觉的原则，上床前应当说些爱意绵绵的甜言蜜语。


# 易失败的婚姻


婚姻专家对上百对离异夫妻进行了调查研究，发现这样的人婚姻易失败：

1. 过度浪漫的人

他（她）们对婚姻生活的期望过高，对伴侣要求过高。

2. 过分依赖父母的人

这类人在心态上尚未成熟，婚姻生活中一出现问题，就向自己的父母求援，不会和伴侣一起设法解决。

3. 过度戏剧化的人

此类人对喜怒哀乐都做出剧烈的反应，不但令对方感到"咄咄逼人"的压力，而且往往在问题发生之后，由于反应过激而失去挽回的余地，导致婚姻失败。

4. 过度迁就的人

这类人对伴侣过度迁就、宠溺，事无巨细样样代劳，唯恐侍奉不周。长年累月之后，另一方理所当然形成颐指气使的习惯，偶尔的"侍奉不周"便会成为冲突摩擦的导火索。

5. 喋喋不休的人

这类人无法让对方有相对安静的环境，久而久之使对方产生厌倦的情绪。

6. 过分懒惰的人

这类人对伴侣的依赖性太大，凡事都由对方去做，自己心安理得地享受，时间久了会让对方觉得是一种累赘，体味不到生活的温馨。

7. 过分挑剔的人

这类人对伴侣的任何思想行为，都不断做出尖锐的批评，令对方无法忍受。

8. 过分吝啬的人

这类人不但自奉甚俭，亦不能容忍伴侣做稍超常规的消费，生活上应有的娱乐或享受都被剥夺，自然乐趣全无。

9. 多愁善"病"的人

这类人多见于女性，她们不断为一些想象出来的"疾病"向丈夫诉苦、抱怨，希望引起丈夫的关怀注意，但往往弄巧成拙，使丈夫无法忍受。

10. 苛求完美的人

这类人对一切事物，都要求达到自己心目中的最高标准，致使婚姻双方身心均需承受重大压力，良好的婚姻关系不易维持。

最近医学家们发现一个奇怪的现象，困难时期各种慢性病、癌症的发病率很低；而现在生活条件好了，日子舒畅了，高血压、糖尿病等病症却呈上升趋势。

医学家们解释原因时称，有时适度的危机也可以防病。由此想到婚姻，婚姻是否也可以来点儿危机，让她更为健壮和稳固呢？

有人曾讲过这样一个故事。两夫妻吵吵闹闹十几年，已到了离婚的边缘。可是，不久发生了根本变化，两人变得相敬如宾、恩爱有加。丈夫患了病，不久于人世。妻子拉着丈夫的手，哭哭啼啼，欲说还休。

丈夫问："妻啊，我将要离去了，你还有何话不能说的？"

妻便趴在丈夫的耳边说："那个小青是谁？"丈夫听后，似乎记不起来了。

妻却泪眼婆娑，说："这件事你对不住我，你在梦中经常喊小青"。

丈夫眼角闪过一道光亮，悄声说："小青就是你呀，就是你名字的最后一个字。"

丈夫说，"以前你对我很凶，天天冲我发火，我很伤心，曾经多少次想和你大吵一次，然后和你离婚。但是，我劝自己忍了吧，于是，我就努力想你的优点，在我心中重塑了一个你，这个人就叫做小青。我就用这个小青战胜你。"

妻子哭了，说："你弄了一个假情人，让我担惊受怕了十几年。"

丈夫快慰地说："我说嘛，你后来突然对我这么好了。"

这是一件十分有意思的事，因为一个假想的情敌挽救了婚姻。其实，有时候，婚姻不仅仅需要宽容，加入些许危机，可能会让对方更懂得珍惜。

# 婚姻危机的八个信号

1. 事情轻重的秩序

你是否常将其他的事优先摆在夫妻间的共同事情之前？过分压抑夫妻间的共同事情的优先秩序，终会伤及夫妻间的感情。

2. 各行其是

夫妻相处时是否无法找到片刻安静的时候。夫妻结婚后属于私人的时间会有所减少是正常的，问题在于减少的多寡。如果一方或者双方都在婚姻中感到孤独，那么这段婚姻就已经有问题了。

3. 不再感到乐趣

你们过去的共同乐趣已消失了，但又没有新的共同兴趣取代，夫妻间的共同兴趣是婚姻快乐的最佳"预言家"。

4. 彼此猜测对方的心意

自以为自己一定知道伴侣的心意而懒得问一声，其实并不知道，意识不到自己的另一半正在为何事焦虑，这对婚姻无疑是一个潜在的危险信号。

5. 基本问题的争执

如果你们在一些基本问题上，如买房子、何时生小孩等不能得到双方满意的结论，就应该警惕了。

6. 得不到对方的回应

你是否感觉到对方已经不在意你在说些什么，或是你自己变得将对方说的话当耳边风，根本没听进去。如果一方对此表示愤怒，而另一方依然不放在心上，那么其结果就是冷淡和距离。其实，双方将心中的不满表现出来，反而有助于消除差异，找到解决问题的办法。

## 7. 不再牵手

当男女双方的关系还新鲜的时候，他们之间的触摸会很频繁，然而，对于多数夫妻来说，随意的亲昵举动最终消失殆尽。

## 8. 丈夫突然充满激情

他眼里闪着热烈异常的光彩是你们婚前热恋时曾有过的，但丈夫总是陷入遐想而漠视你的各种反应，那么他的激情便不是因你而发，兴奋点在外面。

# 掐灭战争导火索

夫妻总有脾气不好的时候，此刻双方最易互不节制地发泄，往往因小事酿成大战，既伤心神还可能又伤了身，甚至走向分手。让旁人看了或自己事后想来，真是不该不值。为此，要善于防范。

## 1. 给予理解

许多坏脾气的男性虽然脾气不好，但心眼儿好。认识到这一点，当他对你发脾气的时候，你在心理上也可以缓解一下。这样的人往往是脾气上来不得了，发完脾气很快就"晴天"了。

## 2. 让他的火没处发

当丈夫发脾气的时候，自己首先要沉住气，不能兵戎相见，想方设法把爱人的火气尽快平息下来，让他的铁锤砸在棉花上，噗的一声没了声息。也可以违心地承担过错，躲过大卷风，再慢慢地、耐心地与他讲道理。

## 3. 找到规律，对症下药

先摸透丈夫的脾气究竟是属于哪一种类型，有哪些特点，而且是在哪些情况下好发脾气，常见的诱因或导火线是什么。这是因为每个脾气不好的人都有自己独特的规律，如果能够了解、认清这些规律，进行有的放矢的预防，就会取得事半功倍的效果。

比如，丈夫一见饭菜不遂心，就发火；有些人工作中不顺心，习惯回家生闷气、找别扭；有些人则会因孩子问题发生争执……作为妻子，就应该区别上述不同情况，对症下药。

一般说来，性情暴躁的人都有个特点，发起脾气不由自主，冷静下来往往感到内疚。你可以抓住这个时机同他签个君子协定，比如以后不可再为小事大发雷霆，如若发火，须负荆请罪。

如果爱人的坏脾气是由疾病引起的，你就应该理解、体贴和帮助爱人，用一颗温暖和宽容的心去融化那块坚冰。另外，对于突然的脾气变坏，要及时查找原因，如神经衰弱、焦虑症等都会突然间性情大变。

4. 宽容比指责有力

夫妻相处难免有未尽人意的地方，双方应以"恋人的心肠"加以宽容，少加指责。

例如，丈夫对妻子说："饭怎么又烧煳了？跟你不知说过多少回了，没记性？"妻子忙累了半天，马上回敬道："怕煳你自己烧，以后没人给你烧了！""谁稀罕！少你还不吃饭了？"……你一言，我一语，一顿饭弄得举家不欢。

在这一点上，任弼时和他的夫人可谓典范。有一次，任老的夫人不小心把饭烧煳了，任老吃着，嘴巴都是黑乎乎的。夫人十分愧疚，任老为了打消她的顾虑，诙谐地说："我明天得演黑脸张飞，用不着化妆了。"说得夫人"扑哧"一声乐了。

5. 在他泄气的时候给予安慰

夫妻间任何一方在生活中都难免遭到意外或不幸，这时对方的安慰和鼓励就十分重要了，它能给人勇气和力量。

如丈夫把手机丢了，十分焦急懊恼。这时妻子安慰说："不要急，上电信局挂失一下，如果找不到，就再买一部，不在乎这几个钱。"丈夫听了，觉得妻子通情达理，自然宽心。

如果妻子这时这样说："怎么老这样没心没肺的，和你妈一样，怎么没把你丢了呢？"丈夫本来懊恼不止，妻子又火上浇油，到头来，免不了唇枪舌剑，大闹一场！

**6. 猜疑会破坏感情**

信任是感情的基础，一旦失去信任感，那么都将给幸福的生活带来危机。例如丈夫曾与过去的女友感情甚笃，但婚后对妻子很忠实。妻子却总怀疑丈夫与女友藕断丝连。一日丈夫接了一个女同学的电话，时间长了一些，妻子便不依不饶问个没完："是她的吗，说实话。"丈夫被问得烦透了，随口说："是，又怎么样？"于是一场内战就此爆发。

**7. 在丈夫不顺心的时候要忍让**

夫妻间在日常生活中，难免会有不顺心的时候，如果他在外面遇到气恼的事回家向你发泄，那么你一定要谅解忍让，要引导他把不顺心的事说出来，帮他排解。而不要怒气冲冲向他反击："干吗把别人的气往我身上撒?!"此时对他一些反常举动也别挑剔。例如，妻子对丈夫说："我希望你不要把稿纸乱扔，真讨厌！"丈夫则针锋相对："你在跟谁说话？无聊！"你来我去，针尖对上了麦芒。


# 吵架应遵守的原则


夫妻吵架时，应遵循以下"八不"原则，否则就会吵出毛病来。

**1. 动口不动手**

动动嘴巴没关系，还属于"人民内部矛盾"；一旦出手，很可能演变成"敌我矛盾"，非打伤感情不可。

**2. 不翻旧账**

有些过耳不忘型的女性，把老公的臭事背得滚瓜烂熟，一吵架就如数家珍，巨细不漏，从八百年前一路清算到眉毛尖。

**3. 别吵成一锅大杂烩**

有些女人的"钩镰枪"厉害，一桶出去，穿心刺肺；一收回来，还得带下一块肉。本来是吵他为什么半夜 12 点才回家，越吵越过瘾，连他乱丢袜子、钱赚得太少也一起上，吵成一锅大杂烩。

**4. 不搞"株连"**

切勿一吵架就"问候"对方祖宗八代："你妈没教你……""你跟你爸一样没用……"这样最容易伤感情，弄不好还会演变成家族大战，那就有得吵了。

**5. 家丑不外扬**

床头边能解决的事，就在床头边解决算了，有些女性不够冷静，一吵架就东家诉苦，西家哭穷，把丈夫的丑事往外抖搂。这样不但会让丈夫怀恨在心，还会让外人看笑话。

**6. 不拿床头之事攻击他**

男人最怕"性无能"，如果你说他"不行"，那就太让他难过了；如果吵得外人听见了，那就太让他伤心了，非恼羞成怒不可。

**7. 不要贬低他的外貌**

个儿不高，不是不求上进造成的；相貌不佳，你以前的眼睛是怎么看的？凡是对方无法更改的事都不要用作争吵的话题。

**8. 不比旧恋**

"当年我要是嫁给小王就好了""阿芳才不会像你这么凶悍"……说这样的话，会在对方心里留下一个解不开的死结，甚至成为对方"背叛"的理由。

# 激活单调的婚姻

当婚姻生活静如止水时，妻子可以用如下的 40 种方法给单调的婚姻生活带来阵阵涟漪。

（1）丈夫在宴席或聚会上说了一个老掉牙的笑话，妻子很捧场地大笑。

（2）留意月圆的日子，安排一次月下漫步或月光野餐。

（3）记得说早安、晚安、再见，见面务必打招呼或亲吻一下，不要视而不见。

（4）把丈夫或丈夫家人的照片装框摆在案头上，也把你自己或你家人的照片装框送给丈夫。

（5）剪下报纸杂志上丈夫可能感兴趣的文章送给他。

（6）如果丈夫自以为是大厨，却老将饭菜烧焦，记得别讥笑他。

（7）即使与丈夫的朋友话不投机，偶尔也主动提议找他们来聚聚。

（8）买本丈夫喜欢的书送给他，或是买本你们可以一起阅读的书共享。

（9）把丈夫送给你的花做成干燥花保存起来。

（10）送丈夫一瓶好酒，或送他一盒好点心。

（11）准备一对高脚杯和一瓶红葡萄酒，随时可以对饮。

（12）在宴会或公共场所重温当年与丈夫邂逅的甜蜜。

（13）陪丈夫看一部他经常提起的片子。

（14）利用闲暇时间邀丈夫参观一个展览，或到植物园逛逛，或者一同健身。

（15）下班后一起散步回家，或者去喝杯啤酒。

（16）找个晴朗的夜晚，两人一起出去看星星。

（17）到餐厅点两道不同的菜，再一起分享。

（18）买张丈夫喜欢的唱片并送给他。

（19）旅途上，不开车的你念点儿东西给开车的丈夫听。

（20）买两件花色相同的运动衫，或者一对咖啡杯，或者相同的太阳眼镜。

（21）丈夫加班时，打电话为他打打气。

（22）和丈夫一起做一顿浪漫大餐。

（23）郑重其事地为一件小事谢谢丈夫，例如谢谢他为你铺床，或者谢谢他买了一个好吃的西瓜。

（24）选个周末到郊外去，找间别墅或旅馆住一晚。

（25）丈夫做了件明知你会生气的事，忍住别发脾气。

（26）偶尔帮丈夫放洗澡水，让他洗个舒服的泡泡澡。

（27）尽管你并不很满意丈夫送你的衣服，有时不妨也拿出来穿。

（28）当丈夫面对工作或其他方面的压力时，为他做点儿特别的事，不要老提醒他或刺激他。

（29）早上让丈夫多睡 10 分钟，你先起来做早点。

（30）如果丈夫在实行减肥计划，你要支持他，随时给他打气。

（31）用别种语言向丈夫说"我爱你"，英文、日文等都行。

（32）多称赞丈夫，不论他在不在你身边。

（33）如果你打算列一张清单要丈夫帮忙做事，请用写情书的心情来写清单吧。

（34）给丈夫一件有趣的小礼物，比方送一根骨头给他的狗，或者一个骷髅钥匙圈。

（35）送丈夫一件稍昂贵的礼物，比如一条领带、一张音乐会入场券或一件小古董。

（36）记得丈夫父母的生日。

（37）在丈夫的重要活动，如面谈、演说、会议等开始之前打电话给他，表达你对他的支持和信心。

（38）写封情书或寄张情人卡给丈夫，不管你是否出远门都无所谓。

（39）订一束花送到丈夫的办公室。

（40）互相按摩一番。

罗列了这40种方法，还有最要紧的一点要告诉你，不要只问丈夫为你做了什么，问问你自己有没有在他身上花心思。爱要让对方看到、听到、感受到，好好呵护你的丈夫吧。

## 保证婚姻完美的秘诀

婚后的家庭生活，总会有各种各样的矛盾，这一司空见惯的事实，伴随快节奏高运转的现代生活，越来越为人们所苦恼、深思。可以说，丈夫和妻子无法沟通的家庭不亚于死水一潭，可怕的婚姻危机也许就存在其间。因此，沟通可以说是保证婚姻完美的秘诀，它对婚姻十分重要。

在婚姻中，沟通是指传达爱意给对方，因此，不管它是语言的、非语言的，有意的或无心的，只要对方明白了其中的意思，就是双方有了沟通。千万记住，关系的破坏往往来自日常小事，如果双方无法及时沟通，可能就会出现积沙成塔、积怨成疾的后果，为婚姻生活蒙上阴影。在这里，我们提供了几条沟通的原则，你不妨一试：

1. 行为的沟通常常比语言的沟通更有力

其实男人都爱听好话，聪明的女性都会利用这一点。光说不练的妻子，会让丈夫加倍心烦，也会招来猜忌。聪明的妻子，如果你行动的时候，你就别说，闭住嘴。懒得动、又理当效力的事就说出来，这样，即使不做也表达了心意，两样沟通你最好都不要放弃，博丈夫一笑，何乐而不为？

**2. 重要的就强调，不重要的就忽略**

女人做妻子以后怕的是丈夫又成了第二个"妈"，男人做丈夫以后怕的是妻子又成了第二个"严父"。所以，在琐碎的婚姻生活中，如果一方或双方长期唠叨，而对方被迫忍受，得不到宽容和轻松的生活氛围，长此以往，这个家庭的结局将不堪设想。如果你心细、做事喜欢完美、喜欢面面俱到，但你一定不要有爱唠叨的毛病，不然你会失去一个好端端的家，至少家庭会暗无天日。

**3. 不要只强调个人压力，而忽视对方的感受**

挣钱养家的丈夫对细心持家的妻子说："你不想想我每天要做多少事？我不是在抓紧时间挣钱吗？"妻子的怨声便都成了不体谅丈夫挣钱的苦衷，天长日久，妻子积怨加深，隔膜加重。应该记住：没有夫妻之间的及时沟通，一切为了家庭的努力都有付之东流的危险。丈夫应该把妻子作为排解工作和心理忧患的知音，聪明的妻子也该及早提醒丈夫：你用钱给我买来首饰、衣服、汽车甚至房子，不如给我一个可以沟通的丈夫。

**4. 与孩子沟通要讲究方法**

"为什么你总是不做完功课再看电视？"孩子偶尔为一次举世瞩目的奥运会开幕式与家人一起翘首以待，一向居高临下的父亲或母亲将其训斥一番，小孩子当然不服："你怎么知道我懒得做功课？"孩子自尊心受了羞辱，大人也挺没面子。对孩子训话和教育常常比夫妻之间的沟通更需要用心一些。对孩子的教育，其言辞要切合实际，注意合理性。与孩子的沟通，更需要良好的心理基础与方法。

**5. 从不同角度看待一件事情**

"你怎么能那样讲呢？"或"你怎么那样做呢？"这是很平常的指责。但如果我们彼此尊重对方，一件事从不同的角度去看待，可能就会出现不一样的结果。

A女士的婚姻生活一向和睦，她是怎样做到的呢？双休日到了，A女士的丈夫要露一手儿，做两个菜。中间他问妻子："肉切宽了，你能凑合吃吗？"爽快的妻子答："切宽了也是一种风格嘛，只要是你炒的，我肯定爱吃。"大家想想，她的丈夫能不开心吗？有时候丈夫回家要对A女士诉说一天的遭遇，也总是能得到A女士通达、灵活变通的开导。A女士承认与丈夫的差异，尊重其个性，从不同的角度看待每一件事情，并能因势利导，进行有效的沟通。而丈夫每逢合适的场合总是适时地夸赞贤妻，A女士自然心情安逸，家庭和睦。

6. 接受家人对自己细致入微的观察

再迟钝的丈夫或妻子也会在自己的家庭中有超常的敏感，他或她在乎自己的爱人对别的异性的一个眼神、一句话。如果你烦这种敏感，做得不得体甚至会伤害了对方的感情，而这显然对自己的家庭不利。如果从对方爱你、非常在乎你的角度想，采取宽容体谅的姿态，并在日常生活中谨言慎行，为自己树立形象，自然会赢得爱人的信任，那么你就是走到天涯海角，对方也可以把心放在肚子里。请宽容爱人对你的敏感。

7. 不要让好意的讨论变成恶语的争吵

不要吝惜沟通，不要像做年终总结似的，等问题一大堆才想起要与丈夫聊聊。如果是这样，就要以一个谦虚者的姿态，耐心地听一听丈夫哪怕是疾声厉色的声讨，别忘了这也总比彼此之间无话要好，因为这毕竟也是一种沟通。等丈夫诉完、抱怨完了，如果确实是自己不对，要不惜道歉。谦虚的姿态，正是对一个家庭的热爱和对危局的挽救。如果你厉声反驳，一浪高过一浪，互不相让，就成了沟通不成，反而竖起了屏障。等双方都平静了，再慢慢交谈，双方互相听取看法，这样就会由乌云遮天而变为晴空万里，处于婚姻中的双方会一如既往地每天辛劳。沟通，既像每天餐桌上的美味佳肴，也像每天必要的清洁工作，每天都要清理，而如果污垢厚了一些，双方多尽些力，也会展现原来的美观。

8. 坦诚面对自己的感受，只要是有意义的问题就提出来，不要怕烦扰了对方

家庭保持一团和气，并不是说要放弃原则，如果不讲原则，一味照顾对方的脾性，只能对家庭不利。

B 先生总爱强调妻子该如何如何，"饼为什么不切就上桌？"

"你以为我是专门切饼的？生来就是伺候男人的？那你呢？"

听了妻子的这番话，B 先生作何感想呢？不可否认这是一种对抗性的争吵，它有力地纠正了对方有意或无意的坏毛病。当然这不够温和。

"你是不是把照镜子的时间分出一些来读读书，不然恐怕我们的脚迈进了 21 世纪，可脑袋还留在 20 世纪。"A 先生平和的提醒使妻子听出了批评的味道，知趣的妻子自然有所改变。

如果上述例子中的一方怕烦扰了对方，而不把自己正确的意见提出来，一个家庭可能会因此而缺乏生气。双方有意见不提，有问题不解决，家庭气氛会十分沉闷。而一个缺乏生气的家庭对孩子的成长会带来不利。

9. 不要使用不当的沟通方法，不要陷入恶劣的吵架

夫妻双方在争吵中，诸如"你神经病！""缺心眼儿！""成事不足败事有余！"等话可能冲口而出。试想，哪一个有自尊的人能忍受这种辱骂？然而，在我们的现实生活中，这种现象不但不算稀奇，只怕是比比皆是。

C 女士不幸遭此局面，凭个人的修养，她没有兴趣回敬丈夫，只是对他讲了一个近乎常识的事实："越是自己神经不好、有缺心眼儿等毛病的人才越会说出别人有那样的毛病，而真没毛病的人一般不会这样骂别人的。"丈夫一听确实觉得有些道理，自责伤害了妻子，把日常小事推到了拿人格开刀的地步。另一种恶劣的局面，就是相互辱骂，不停地吵架，这样的事做多了，彼此都没面子，难免越来越僵，夫妻双方可能会步入冷战的可怕局面。夫妻双方应该避免出现这种情况。

**10. 不要试图用逻辑、指控击倒对方**

夫妻双方出现矛盾，常常用逻辑或数据指控。其实关于家庭和睦有一个放之四海而皆准的真理：难得糊涂。如果动不动就把对方置于如法院开庭的环境，就难免令人心灰意冷。

类似于"你为什么不……却偏偏……何以如此"之类的发问，着实让人心烦，假如对方又是一个一心呵护你、只是做法有某些欠妥便横遭你训斥的人，只恐怕要不了几次，他（或她）便无言以对了，再让他（或她）开口对你说话，可能会难上加难。尤其是羞辱对方，更会令对方忍无可忍。

**11. 沟通达到的效果比本意重要**

生活中，我们免不了有直言相告却被人误认为伤害对方的时候。"你为什么总是咬文嚼字，在我的话里挑毛病？"我们这样责备对方不识好人心。但是换个角度呢？我们或许会觉出，尽管好意，换了我们自己也一样难以接受，我们也就会慢慢改变自己的方式。同理，对抗者通过对"好心"的质疑，也纠正了他原来误会的想法，所以，沟通达到的效果比本意重要，执着自己的本意，而不考虑对方的反应或者用意，一样不会起到应有效果。

**12. 接受一切感觉并试着去了解**

人为万物之灵，每个人的感觉都有其自身的道理。作为对方的爱人，细心的你应责无旁贷地明白其心意，没有了解也就没有更深入的爱；没有更深入的爱，也就没有更为稳固和睦的家庭。

男女成婚结为夫妻，双方的差异决定着各自行为方式的不同。由于修养等方面的差距，自然不可能完全接受对方的一切行为。但为了自己的家，为了自己的一份爱，婚姻中的双方当事人理当相互了解，只有了解，才能促使爱的加深；只有相互的关爱了解，能彼此敦促，才能共同提高。试着去了解，不要过多指责、教训。男性大都带有一些大男人主义，他们希望自己的妻子百依百顺。如果夫妻双方出现问题，妻子要试着接受它，并试着去了解和理解，这样做便拉近了妻子与丈夫行将疏远的关系。当你忍不住要训斥的时候，可改用发问的方式，来代替训话的方式。

13. 要委婉、体贴而有礼貌地尊重丈夫和他的感受

"好啦！都是我的错。"面对爱人的絮叨，你很无奈，然而你这样的话不仅不是一句答复，反而显得没有水平，没有主张，也不够尊重对方。

尊重爱人及爱人的感受，通常大家都愿意接受这样一个道理，但实际做起来又颇有出入。

你有很多时候很难设身处地体会对方的感受，因此以对方的感受为感受，就是个值得考虑的问题。在你有难处的情况下，让对方按自己的需要办，处理自己的问题，无疑是通融之举。接受对方的要求和感受，与之商讨，形成一致意见，并委婉地让对方理解自己的苦衷，一切都在和和气气之中达成一致。当然，人人都有无可奈何的时候，都有极其不耐烦的时候，但是，平心静气就会使事情朝好的方面转化。如果你没有做到这一点，你就应再努力一把。

14. 不要找借口

如果你以为自己的爱人大大咧咧，就为自己的过失找借口，那就大错特错了。小孩儿不该为自己不好的成绩找借口，同理，夫妻也不应为自己的过失找借口，否则就只能有不诚实之嫌了。对方越是看似大大咧咧，你就越应珍惜他的宽厚才是。向爱人认错，是一种策略，是你魅力的体现，证明自己并不虚伪，起码是不愿意在自己爱人面前虚伪。夫妻之间坦诚相待，无疑会促进家庭的和睦，也是夫妻之间彼此沟通的先决条件。如果连认错的勇气或者氛围都没有，只能靠找借口来为自己据理力争，那样的话，夫妻之间必将导致重理轻情，互不让步，只会造成彼此疏远的结果。

15. 不要唠叨、叫骂、发牢骚

尽管吵闹总比冷冷相对要好，但动不动就恶言恶语，终日牢骚、叫骂，也定会使家庭陷入水深火热之中。如果这成为家庭生活的惯性、模

式，那就更为可怕了。随着文明的进程，今日的女性一吵二闹三上吊的习气已极少出现了，但凌驾丈夫之上、少有顾忌的做法也不为少见。在此种境况下，丈夫一旦翻脸，局面便不可收拾。吵闹的夫妻一般存心分手的并不多，但如果丈夫受够了，打定了离婚的主意，妻子后悔也晚了。所以，娇纵任性、颐指气使地逞威风，而不顾及后果的气血之勇是要不得的。有人说，男人一旦脆弱或强硬起来都会超过女人，这话没有错。妻子在发飙之前，要多动脑筋并适可而止。

16. 得幽默时且幽默，当严肃时要严肃，不要以取笑他人为乐

有人把家庭比作俱乐部，其内容大部分是幽默。幽默的家庭当然拥有欢乐。然而，人们往往不能把握幽默的分寸，应该注意不能贬损对方，讽刺并带轻微挖苦并不是幽默。"我不过在开玩笑，你连一个玩笑都经不起？"等丈夫急了，妻子这样说，好像真的是他错了。幽默给一个家庭带来的是生机和活力，而取笑则恰恰相反，尽管你是无意的、出于恶作剧的，但都同样造成了不良的结局。人都是这样，受到最亲最近的人贬损和取笑，心理常常难以释怀，而旁人这样做，也许倒能够忍让。

幽默、严肃同样是一个人修养、文明程度的体现。如果一个人内心贫乏，水平低劣，又要显示自己高明的时候，就免不了要借助贬损他人来抬高自己。加强自身的修养，是提高自身价值最明智的做法，也是夫妻之间达到用幽默沟通的前提。如果你实在是缺乏幽默，那也没关系，可以采取别的沟通方法，不要只认准这一沟通方法。

17. 学会倾听

要记住，夫妻之间的关系中有一部分在充当着彼此的父亲和母亲的职责。也就是说，你不倾听对方，谁去倾听！你只有倾听，才体现出你的爱心；只有通过倾听，你才了解了爱人的心声。如要珍惜一颗爱心，同时也爱惜你自己，那么，你一定要善于倾听。

"你刚才说什么？"你并不是只给了对方一只耳朵，而是同时给了他

心和感情，以及提供他分析问题、解决问题的思路，没有比耐心的倾听更能直接沟通彼此心灵的做法了。多少事情，正是在倾听中达成了一致的看法；多少误会，正是在倾听之中得到消除。尤其是暮年夫妻，彼此倾听，给相互的心灵带来的是无可替代的慰藉。让我们从年轻时、从成年时就善于彼此倾听吧。

18. 注意，不要玩恶意的游戏

夫妻一方擅长恶作剧，带来的后果是不堪设想的，以恶还恶的事例是不少见的。另一种情况就是夫妻一方长期单方面忍让，任打任骂，甚至好了伤疤忘了疼。

在法制和文明的时代，个别文盲和法盲的行径理应受到扼制，而呼唤自尊自强，也仍然是整个社会需要做的工作。夫妻中忍让的一方应该及早为自己的人格抗争："我已经受不了你这样对待我！"对于那种文明程度极其有限的人来说，家庭生活的规范化和法制化应该更强于对情感沟通的强调，因为沟通是在夫妻双方相互尊重对方人格和尊严的基础上提倡的一种情感方式，否则，沟通只能是一句空话。改善家庭成员之间的沟通，终极目的就是要每个人心理健康。

心理健康是一个相对概念。没有人能完全达到心理健康，也没有人心理不健康到无可救药。每个人都有或多或少的心理疾患。关键是，语言的和非语言的沟通可以影响一个人的心理健康。

# 如何搞好婆媳关系

在婚姻生活中，最有问题的莫过于婆媳间的相处了。要想婚姻生活过得美满，就要处理好婆媳间的关系。儿媳可以从下列几方面来建立和发展与婆婆的友好关系。

老年人的经历丰富，或辉煌华丽，或辛酸坎坷。儿媳若能要求婆婆讲讲她的过去，必能获得她的欣然同意。当婆婆滔滔不绝地讲述自己的历史时，实际上她的心扉已经不自觉地敞开了，其心理就由对抗转向对话。进而，儿媳可以常以家庭、工作、社会等为话题与婆婆交谈，有时也可以谈自己的事，让她也了解你、理解你、欣赏你，还可讲些小笑话、小幽默与婆婆共享，这样可以保持两心相知，消除误会，巩固和发展在婆婆心目中建立的好感。

作为儿媳妇，要主动和善于发现婆婆的优点，及时给予赞美。比如"衣服洗得真干净""妈，您穿这种颜色的衣服真好看"等等。这些不起眼的赞美可令婆婆心怀喜悦。赞美的话可以直接当面说，也可以对别人讲，让越多的人知道她的优点，婆婆越高兴。需注意的是，赞美不同于奉承，赞美是发现并承认实际存在的优点，是诚心的，让人高兴的；而奉承是夸大优点或编造优点，是虚假的，令人生厌的。所以不能用奉承去讨好婆婆。

和婆婆交谈，要从她感兴趣的事入手，选准话题，激起她的兴趣。如果婆婆喜欢女红，不妨以请教的口吻请她谈谈这方面的事，她必定乐于向你介绍过去的辉煌以及一些专业知识，不仅对你有所裨益，而且能增进彼此感情，让婆婆觉得你很好学、肯干。

婆婆往往不喜欢儿媳当众或直接指出她的缺点错误，她会觉得自己的长辈自尊受到了侵犯，势必要竭力维护，争辩到底，最终会导致婆媳关系的急剧变化。

婆媳之间，有时不免争吵几句，这时一定要注意分寸，避免失去理智，伤人过深。大吵大闹，势必惊动邻居，授人话柄。争吵之后，尽量不要为了一时的心理平衡而求助外人的评判。因为外人可能将你的"家丑"继续传播，或者给你一些错误的建议，不但不能解决问题，相反会使婆婆心中积怨更深。"清官难断家务事"，也说明婆媳矛盾的消除还在于自我调适和内部处理。

争吵过后，冷静地思考原因，主动地向婆婆赔不是。可直接向婆婆陈述自己的不对之处，诚心请求原谅。如果一时嘴上转不过弯，不妨在行动上表示歉意，比如多给她一些关照，使她先消消气，然后伺机道歉。婆婆在这种情况下，一般不会再计较过去，就算有时火气大点儿，鉴于自己长辈的身份，也不便继续为难已经"认输"的儿媳。

以上婆媳间的交往应始终围绕"以我真爱换你真心"这一原则。坦诚相待、真心真爱才是获取婆婆永久信赖、保持婆媳关系长期和谐融洽的关键。

# 如何面对不忠的丈夫

发现丈夫不忠，就要判定他是本性风流多情，喜于寻花问柳，还是一时误入迷途。不同的情形，有不同的对策。要理智冷静地去处理，切忌大吵大闹，弄得满城风雨。否则，会在客观上把丈夫往情人那里推。

在发现丈夫有这方面的问题后，如果是立足帮助和挽救，那么应该做到以下几点：

1. 寻找丈夫外遇的原因

可以说："我很清楚地知道了你在外面有了一个情人，这使我很伤心，希望你冷静地考虑这样做的严重后果。"

如果对方承认有这么一回事，你就给他一个解释的机会，问他对你、对家庭有什么不满之处，而使他感情转移。

寻找毛病是否出自家庭生活之中，例如你是否花了太多的时间在工作、朋友或孩子身上而把他忽视了？你们的性生活和谐吗？你们之间的浪漫感情是否褪色了？

在生活上应更加对他体贴关怀，使他感到这个家庭仍是温暖的，是不能舍弃和破裂的。

2. 摸清他与第三者的感情

了解丈夫和另一个女人的性关系程度，叫人十分伤心，但是，这是你决定是否与丈夫重修旧好的重要因素。如果丈夫是持续很久的严重的私通，表明丈夫的情爱和性需要已在婚姻中明显得不到满足。要是丈夫只是偶尔的一两次逢场作戏，通常是男性暂时受诱惑时做的事，不能反映他对婚姻的满足程度。

3. 搞清丈夫让你发觉他有外遇的目的

丈夫的私通有意向你公开，通常有两种情形：一种是丈夫有预谋，有意让你发现。这表明丈夫已对你无所谓了，要求分手。另一种情形则是丈夫对婚姻不满，希望引起妻子的嫉妒与关注。如果可能是后一种情形的话，婚姻还可以挽救和改善。如果是前一类情况，则基本不可挽救。

4. 能否原谅他

夫妻双方决定复好的时候，都有重要的责任。丈夫的责任包括：终止婚外情，表示悔意，努力工作，有耐心地赢得妻子的信任。妻子的主要责任是：原谅他。如果不原谅，保持婚姻的稳定是不可能的。妻子如仍有敌意，揪住这件事不放，会促使丈夫继续寻求婚外情。如果你已决定让丈夫回到身边，就应将他的婚外情看做是过去了的事。不能总记在心里，常提及此事。如做不到这一点，则不要答复和好。

5. 寻求外援

我们既然承认自己是"人"，一定有人的缺点与弱点，一定会面临困境。碰到困难时，寻求帮助，是很自然的。

如果你很幸运地碰到有经验的婚姻专家或心理专家，他们的专业训练，绝对有助于将问题看得更清楚。他们能帮你分析、考虑事情的多面性。当然，最后的选择或决定得由你自己做。但在探讨问题的过程中，有人以专业态度提供帮助，绝对有用。

　　如果你的生活环境不容易碰到这种人，可找值得信赖的长辈、亲戚、朋友，给你提供意见。但注意不要随便像事儿妈似的向朋友诉苦，他们在无意之中可能将你的问题传播，以至弄得四邻皆知，不仅不能给你任何帮助，反倒给你增加一层来自社会的压力。